Integrierter Umweltschutz im Innovationsprozeß industrieller Unternehmen

Europäische Hochschulschriften
Publications Universitaires Européennes
European University Studies

Reihe V
Volks- und Betriebswirtschaft

Série V Series V
Sciences économiques, gestion d'entreprise
Economics and Management

Bd./Vol. 2590

PETER LANG
Frankfurt am Main · Berlin · Bern · Bruxelles · New York · Oxford · Wien

Petra Lehr

Integrierter Umweltschutz im Innovationsprozeß industrieller Unternehmen

PETER LANG
Europäischer Verlag der Wissenschaften

Die Deutsche Bibliothek - CIP-Einheitsaufnahme

Lehr, Petra:

Integrierter Umweltschutz im Innovationsprozeß industrieller Unternehmen / Petra Lehr. - Frankfurt am Main ; Berlin ; Bern ; Bruxelles ; New York ; Oxford ; Wien : Lang, 2000
(Europäische Hochschulschriften : Reihe 5, Volks- und Betriebswirtschaft ; Bd. 2590)
Zugl.: Mannheim, Univ., Diss., 1999
ISBN 3-631-36263-3

D 180
ISSN 0531-7339
ISBN 3-631-36263-3

Meinen Eltern

Aller
Anfang ist leicht,
und die letzten Stufen
werden am seltensten
erstiegen.

Johann Wolfgang von Goethe

Vorwort

Im Mittelpunkt der vorliegenden Arbeit steht der integrierte Umweltschutz im Bereich der Innovationsprozesse industrieller Unternehmen. Vorgestellt wird ein Konzept zur Integration des Umweltschutzes in den Innovationsprozeß industrieller Unternehmen, dessen Ziel darin besteht, eine verbesserte Grundlage für Innovationsentscheidungen hinsichtlich umweltfreundlicher Produkte und Prozesse zu schaffen.

Die Arbeit entstand parallel zu meinem Studium des Wirtschaftsingenieurwesens sowie meiner anschließenden beruflichen Tätigkeit und wurde im Wintersemester 1999/2000 von der Fakultät für Betriebswirtschaftslehre der Universität Mannheim als Dissertation angenommen.

Mein besonderer Dank richtet sich an Herrn Prof. Dr. Peter Milling, der die Arbeit mit seiner konstruktiven Kritik über den gesamten Zeitraum begleitete. Herr Prof. Dr. Peter Eichhorn übernahm freundlicherweise das Zweitgutachten.

Ganz besonders danke ich meinen Eltern für die nie nachlassende seelische Unterstützung, die in großem Maße zum Gelingen der Arbeit beigetragen hat.

Petra Lehr

Inhaltsverzeichnis

Abbildungsverzeichnis

Tabellenverzeichnis

A. Relevanz umweltgerechter Innovationen für die Unternehmung

I. Ökologieorientierte Innovationen als Voraussetzung zur langfristigen Unternehmenssicherung

Der Umweltschutz spielt in der industriellen Umwelt eine immer größere Rolle. In der Unternehmenspraxis wird er jedoch überwiegend nur als betrieblicher Kostenfaktor gesehen und nicht als potentieller Erlösfaktor, der ein lukratives Marktpotential in sich birgt. Unter strategischen Gesichtspunkten betrachtet zeigt sich jedoch, daß das Erkennen der mit der Umweltsituation verbundenen Risiken und das gezielte Wahrnehmen sich bietender Chancen für einzelne Unternehmen durchaus die Möglichkeit zu einem Brückenschlag zwischen ökologischen und ökonomischen Forderungen eröffnet.

In den vergangenen Jahren hat die betriebswirtschaftliche Literatur zum Thema „Ökologie und Ökonomie" stark zugenommen. Sie weist jedoch eine wesentliche Lücke auf. Während verstärkt Probleme der ökologischen Rechnungslegung oder der Einfluß der staatlichen Umweltpolitik auf die Unternehmen untersucht werden, bleibt der Bereich ökologieorientierter Innovationsprozesse weitgehend ausgespart.

Die grundlegende Zielvorstellung des integrierten Umweltschutzes besteht darin, an den Ursachen der Umweltbeeinträchtigung anzusetzen, das heißt der Entstehung von Umweltbelastungen bereits im Ansatz entgegenzuwirken.[1] Wird diese Forderung auf den Bereich der Innovationsprozesse übertragen, bedeutet dies, den Umweltschutzaspekt in den Innovationsprozeß so zu integrieren, daß als Ziel jeder Innovationstätigkeit die Erzeugung und Umsetzung von in ökologischer und ökonomischer Hinsicht erfolgver-

---

[1] Vgl. zur Definition des integrierten Umweltschutzes auch *Peter Milling*: Integrierter Umweltschutz in der Industrie: Das Beispiel der deutschen Automobilwirtschaft, in: Hermann Krallmann (Hrsg.): Herausforderung Umweltmanagement: zur Harmonisierung des Spannungsfeldes zwischen Ökonomie und Ökologie, Berlin 1996, S. 183: „Eine (...) vorbeugende Einbindung ökologischer Aspekte in alle Entwicklungs- und Produktionsüberlegungen wird als integrierter Umweltschutz bezeichnet."

sprechenden Produkt- und Prozeßideen zugrundegelegt wird.[2] Der Umweltschutz kann daher auch als Herausforderung zur Innovation betrachtet werden.[3]

Die Erzeugung ökologisch vorteilhafter Produkt- und Prozeßideen darf dabei nicht dem Zufall überlassen werden. Ökologieorientierte Verbesserungen von Produkten und Prozessen können zusätzliche Kosten verursachen, wodurch zumindest kurzfristig die wirtschaftliche Lage gegenüber der hinsichtlich des Umweltschutzes weniger aktiven Konkurrenz verschlechtert wird. Aus diesem Grund werden derartige Investitionen nur zögernd vorgenommen.[4] Dabei wird jedoch häufig der zeitliche Aspekt vernachlässigt.

Unter dem durch Rohstoffauflagen, staatliche Maßnahmen oder die öffentliche Meinung entstehenden Druck können keine Forschungs- und Entwicklungsergebnisse „aus dem Ärmel geschüttelt werden". Unternehmen, die rechtzeitig ökologieorientierte Produkt- und Prozeßinnovationen einleiten, sichern sich damit einen erheblichen Vorsprung an Zeit und Know-how gegenüber der weniger aktiven Konkurrenz und können darüber hinaus Anpassungsmaßnahmen an gesetzlich vorgeschriebene Standards oder neue Technologien aufgrund der längeren Anpassungszeit und damit des geringeren Zeitdrucks kostengünstiger als die Konkurrenz durchführen.[5] Die dadurch verbesserte Position im Wettbewerb wirkt sich auch wirtschaftlich vorteilhaft aus.

---

[2] Erste Forderungen in dieser Hinsicht wurden bereits 1972 von Eichhorn formuliert. Vgl. *Peter Eichhorn*: Umweltschutz aus der Sicht der Unternehmenspolitik, in: Zeitschrift für betriebswirtschaftliche Forschung, 24. Jg. (1972), S. 645 f.

[3] Vgl. zur Auffassung, Umweltschutz als Herausforderung zur Innovation zu betrachten, *Phillip Magel*: Umweltschutz als Herausforderung zur Innovation, in: Hans Corsten (Hrsg.): Die Gestaltung von Innovationsprozessen: Hindernisse und Erfolgsfaktoren im Organisations-, Finanz- und Informationsbereich, Berlin 1989, S. 158 ff. sowie *Ulrich Adler*: Integrierter Umweltschutz als Beispiel zukunftsfähiger Innovationen, in: Ifo-Schnelldienst, Nr. 17-18, 50. Jg. (1997), S. 52.

[4] Auch Kern betrachtet Innovationen als Investition, „...wenn unter einer Investition eine für längere Frist beabsichtigte Bindung finanzieller Mittel verstanden wird, die in materiellen oder immateriellen Objekten mit der Absicht erfolgt, diese Objekte zwecks Erreichung der individuellen Ziele einer Organisation zu nutzen..." *Werner Kern*: Innovation und Investition, in: Horst Albach und Hermann Simon (Hrsg.): Investitionstheorie und Investitionspolitik privater und öffentlicher Unternehmen, Wiesbaden 1976, S. 278. Da diese Voraussetzungen gerade bei ökologieorientierten Innovationen gegeben sind, können ökologieorientierte Innovationen durchaus als Investitionen betrachtet werden.

[5] Auch Strebel / Schwarz / Schwarz sind der Auffassung, daß „...die Kosten der Anpassung an neue Technologien mit verkürzter Anpassungszeit wachsen, weil Handeln unter Zeitdruck höhere Kosten bewirkt als rechtzeitige Umstellung." *Heinz Strebel, Erich J. Schwarz und Michaela M. Schwarz*: Externes Recycling im Produktionsbetrieb: rechtliche Aspekte und betriebswirtschaftliche Voraussetzungen, Wien 1996, S. 31.

Wird auch in Betracht gezogen, wie hoch derzeit die Sensibilität für Themen zum Umweltschutz in Fachwelt und Öffentlichkeit ist, so sichert die Entwicklung ökologieorientierter Produkte und Prozesse auch die Anerkennung des Marktes und damit einen weiteren Vorsprung im Wettbewerb.

Die von einem Produkt ausgehenden Umweltbelastungen werden im wesentlichen bereits bei der Planung und Entwicklung der Produkte festgelegt. Nur unerhebliche Anteile der Umwelteigenschaften können ex post – mittels verbesserter Herstellverfahren oder durch sachgemäßen Gebrauch – günstig beeinflußt werden. Aus diesem Grund müssen die in der Produktentwicklung zu berücksichtigenden technisch-funktionalen Anforderungen um eine ökologische Komponente erweitert werden, wodurch die Integration des Umweltschutzgedankens in die Entwicklungsphase ermöglicht wird.[6]

Ziel dieser Arbeit ist die Entwicklung einer Konzeption für ökologieorientierte Innovationsprozesse bzw. zur Unterstützung der Entwicklung umweltfreundlicher Produkte. Eine erfolgreiche Verwirklichung dieses Vorhabens, die systematische Planung, Durchführung und Steuerung von ökologieorientierten Innovationsprozessen, setzt eine genaue Untersuchung des Innovationsprozesses bzw. der Möglichkeit, ökologische Aspekte im Innovationsprozeß zu berücksichtigen, voraus. Zu diesem Zweck ist es notwendig, den Innovationsprozeß in dem Untersuchungsziel angepaßte Phasen einzuteilen, um den Entscheidungsverlauf transparenter zu machen. Auf der Grundlage dieser Phaseneinteilung können dann detaillierte Aussagen zur notwendigen Ausgestaltung der einzelnen Phasen abgeleitet bzw. phasenspezifischen Besonderheiten des ökologischen Innovationsprozesses Rechnung getragen werden.

Nach einer knappen Diskussion des Begriffs ökologieorientierter Produkte erfolgt eine kurze Darstellung der für die Arbeit grundlegenden Erkenntnisse der allgemeinen Innovationsforschung. Vor dem Hintergrund des eigentlichen Ziels der Arbeit wird dabei insbesondere auf den Prozeßcharakter von Innovationen eingegangen. Sich stützend auf die Erkenntnisse der allgemeinen Innovationsforschung wird ein speziell für ökologische Innovationsprozesse idealtypisches Ablaufschema entwickelt, das in den nachfolgenden Ausführungen als Grundlage für die Ausgestaltung der einzelnen Phasen zur zielorientierten Steuerung des Prozesses dient. Nach einer kurzen Charakterisierung der einzelnen Phasen werden die für den ökologieorientierten Ablauf von Innovationsprozessen besonders bedeutenden Phasen – die Früherkennungs- sowie die Entwicklungsphase – diskutiert.

---

[6] Vgl. auch *Peter Milling*: Integrierter Umweltschutz im Produktionsprozeß, in: Peter Eichhorn (Hrsg.): Ökosoziale Marktwirtschaft, Wiesbaden 1995, S. 154.

Aufgrund der ständig wachsenden Bedeutung des Umweltschutzaspektes und der daraus resultierenden Turbulenzen ist zur langfristigen Existenzsicherung die Einrichtung eines ökologieorientierten Frühaufklärungssystems als Instrument der Unternehmensführung unumgänglich. Aus diesem Grund wird ein Leitfaden für die Integration der ökologischen Komponente in ein Frühaufklärungssystem erstellt. Im Hinblick auf die Aufgabenstellung liegt das Augenmerk insbesondere darauf, Chancen zur Entwicklung umweltfreundlicher Produkte und Prozesse rechtzeitig zu erkennen und umzusetzen.

Vor dem Hintergrund umweltorientierter Innovationen wird gefordert, die in der Produktentwicklung zu berücksichtigenden technisch-funktionalen Anforderungen um eine ökologische Komponente zu erweitern. In diesem Zusammenhang konzentrieren sich die Ausführungen auf die Automobilbranche, da sich gerade in letzter Zeit in dieser Branche durch neue Gesetze und Verordnungen zum Umweltschutz, kritische Stimmen der Öffentlichkeit sowie knappe Deponiekapazitäten und steigende Deponierungskosten interessante Zusammenhänge bzw. Handlungsbedarf ergeben haben.

Die Arbeit schließt mit ökologischen Nutzen-Kosten-Betrachtungen, deren Ziel darin besteht, mit einem bestimmten Entwicklungsaufwand den höchstmöglichen Beitrag zum Umweltschutz zu leisten.

II. Bedeutung der Ökologieorientierung für Produkt- und Prozeßinnovationen

Vollständige Umweltneutralität eines industriell gefertigten Produktes ist prinzipiell nicht möglich. Streng genommen kann somit kein Industrieprodukt als umweltfreundlich bezeichnet werden. Bei Herstellung, Gebrauch und Entsorgung von Produkten wird die Umwelt immer belastet.[7] Lediglich der Verzicht auf Produktion und Konsum von Produkten hat keine Umweltbelastung zur Folge. Trotzdem wird in der betriebswirtschaftlichen Literatur vom ökologieorientierten Produkt gesprochen.[8]

Die durch eine Unternehmung produzierten Produkte wirken – wie in Abbildung A-1 dargestellt – in zweifacher Hinsicht auf die Umwelt:

---

[7] Vgl. hierzu auch *Peter Eichhorn*: Industriestandorte und Umweltgefahren, in: Peter Frankenberg und Pirmin Spieß (Hrsg.): Umwelt und Wirtschaft, Heidelberg 1995, S. 389 f.

[8] Der Begriff „ökologieorientiert" wird häufig auch ersetzt durch „ökologisch", „umweltfreundlich", „umweltschonend" oder „umweltverträglich".

1. Die Verwendung von Einsatzstoffen für die Herstellung der Produkte hat eine Ressourcenminderung zur Folge.
2. Im Rahmen der Herstellung, Nutzung und Entsorgung der Produkte werden Umweltbelastungen hervorgerufen.

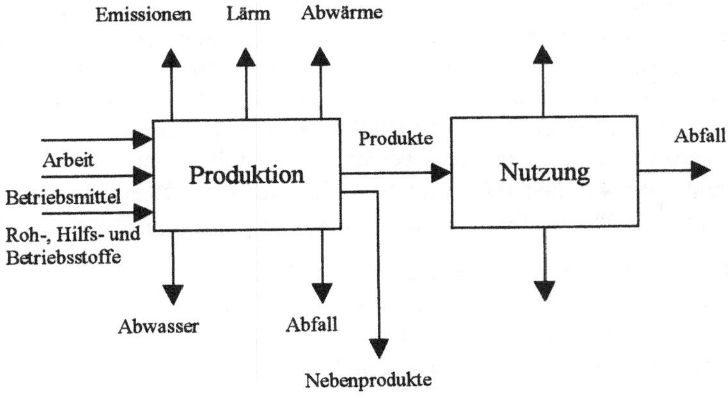

Abb. A-1: Einflußnahme der Produkte auf die Umwelt[9]

Das Ziel ökologieorientierter Produkt- und Prozeßinnovationen besteht darin, auf der einen Seite Ressourcen zu schonen und auf der anderen Seite die bei Herstellung, Gebrauch und Entsorgung an die Umwelt entstehenden Umweltbelastungen zu vermeiden bzw. zu minimieren.[10]

Der Begriff des ökologischen Produktes wird unterschiedlich definiert. Nach Strebel kann ein Produkt dann als umweltfreundlich betrachtet werden, wenn es den gleichen Gebrauchsnutzen stiftet wie das konventionelle Produkt, jedoch gegenüber anderen Produkten bei der Produktion, beim Ge- oder Verbrauch und bei der Beseitigung eine vergleichsweise geringere ökologische

---

9 Entnommen aus *Peter Milling*: Integrierter Umweltschutz im Produktionsprozeß, S. 146.

10 Mit der Verfolgung dieses Ziels wird die Umwelt als knappes Gut bzw. als Produktionsfaktor betrachtet. Eichhorn beanstandet, daß die „herkömmlichen“ volks- und betriebswirtschaftlichen Faktorsysteme die Umwelt nicht als Produktionsfaktor beinhalten. Vgl. *Peter Eichhorn*: Umweltrechnungen – Konzepte und Probleme, in: Peter Eichhorn (Hrsg.): Ökosoziale Marktwirtschaft: Ziel und Wege, Wiesbaden 1995, S. 93. Er stellt den traditionellen Faktorsystemen ein System aus sieben Produktionsfaktoren, das auch die Umwelt erfaßt, gegenüber. Vgl. hierzu ausführlich *Peter Eichhorn*: Entwurf für ein neues Faktorsystem, in: Peter Eichhorn (Hrsg.): Umweltorientierte Marktwirtschaft, Wiesbaden 1996, S. 40 ff.

Schädigung aufweist.[11] Strebel betrachtet demnach die Umweltfreundlichkeit eines Produktes als relative Größe durch den Vergleich des zu beurteilenden Produktes mit den Eigenschaften anderer Produkte.

Türck beurteilt die Definition eines ökologieorientierten Produktes nach Strebel als zu weit gefaßt. Nach Ansicht von Türck wird in dieser Definition nicht berücksichtigt, daß von derartigen Produkten – auch wenn sie eine bessere ökologische Qualität aufweisen als andere Güter – immer noch umweltschädigende Wirkungen ausgehen oder durch eine Substitution der konventionellen Produkte bisher unbekannte neue Umweltschädigungen hervorgerufen werden können. Türck bemängelt insbesondere, daß mit dieser Definition umweltschädigende Produkte festgeschrieben werden, wenn sich die Konkurrenz nicht um eine bessere ökologische Qualität ihrer Produkte bemüht. „Ein Produkt mit leicht besseren ökologischen Eigenschaften kann dann auf schlechtem Niveau als umweltfreundlich klassifiziert werden."[12]

Türck betrachtet im Gegensatz zu Strebel die Umweltfreundlichkeit eines Produktes als absolute Größe, die sich durch die Einhaltung bestimmter Grenzwerte bestimmt und somit unabhängig von anderen Produkten festgestellt wird. Er geht davon aus, daß mit dieser Vorgehensweise sämtliche Produkteigenschaften ökologisch ausgerichtet werden können.

Die Definition nach Türck setzt voraus, daß dem Betrachter alle tatsächlichen und potentiellen Auswirkungen eines Produktes sowie sämtliche Produkteigenschaften bekannt sind. Davon ist jedoch in der Realität nicht auszugehen. So kann eine unzureichende Kenntnis über die Wirkungsweise der eingesetzten Stoffe oder der neuen Verfahren gefährliche Umweltschäden verursachen, die im vorhinein nicht abzusehen sind.

Die vorliegende Arbeit orientiert sich an der Definition von Strebel. Im Zusammenhang mit der Aufgabenstellung wird der Begriff des umweltfreundlichen Produktes dahingegen definiert, daß sich durch die Integration des Umweltschutzes in den Innovationsprozeß zusätzlich zu den bisherigen Anforderungen, denen das Produkt genügen muß, die Leistungsfähigkeit eines Produktes um die ökologische Komponente erweitert und es dadurch gelingt, Produkte zu entwickeln, die die Umwelt verhältnismäßig weniger belasten.[13]

---

[11] Vgl. *Heinz Strebel*: Produktgestaltung als umweltpolitisches Instrument der Unternehmung, in: Die Betriebswirtschaft, 38. Jg. (1978), Heft 1, S. 76.

[12] *Rainer Türck*: Das ökologische Produkt: Eigenschaften, Erfassung und wettbewerbsstrategische Umsetzung ökologischer Produkte, Ludwigsburg / Berlin 1990, zugl. Univ., Diss., Frankfurt (Main) 1990, S. 35.

[13] Auch Magel ist der Auffassung, „...daß es bei der Lösung von Umweltschutzfragen Idealvorstellungen und gangbare Wege gibt, die sich diesem Ziel nähern, es aber nicht sofort oder

Diese Definition findet sich in ähnlicher Weise auch in der EG-Verordnung zur Vergabe eines Umweltzeichens wieder. Nach der Definition dieser Verordnung vom 11. Dezember 1996 sind Produkte dann mit dem Umweltzeichen auszustatten, wenn sie „...geeignet sind, im Vergleich zu anderen Produkten derselben Produktgruppe zur Verringerung bestimmter Umweltauswirkungen und damit zu einer effizienteren Nutzung der Ressourcen und einem besseren Schutz der Umwelt beizutragen."[14]

Da in Kapitel C der Arbeit das Problem der umweltfreundlichen Produktentwicklung anhand der Kraftfahrzeugindustrie dargestellt wird, soll an dieser Stelle mit Hilfe eines Beispiels veranschaulicht werden, warum für vorliegende Arbeit gerade die Definition ökologieorientierter Produkte nach Strebel verwendet wird.

Die Idee des Einsatzes alternativer Antriebe im Kraftfahrzeug und damit des nahezu abgasfreien Betriebes von Kraftfahrzeugen ist wegen technischer Probleme heute noch nicht umfassend zu verwirklichen.[15] Aus diesem Grund werden weiterhin Verbrennungskraftmaschinen eingesetzt. Allerdings ist es der Automobilindustrie gelungen, durch den Ersatz von verbleitem durch unverbleiten Kraftstoff sowie durch Ersatz des ungeregelten Katalysators durch einen geregelten Katalysator die Umweltbelastung – insbesondere die Belastung der Luft – erheblich zu reduzieren. Daraus ergibt sich die Forderung, auch nur marginale Verbesserungen der ökologischen Qualität eines Produktes gegenüber dem Vorgängerprodukt anzuerkennen und dem Nachfolgeprodukt die Bezeichnung „ökologieorientiertes Produkt" zuzugestehen.

überhaupt nicht ganz erreichen." *Philipp Magel*: Umweltschutz als Herausforderung zur Innovation, S. 160.

14 *Kommission der Europäischen Gemeinschaften*: Vorschlag für eine Verordnung (EG) des Rates zur Revision des gemeinschaftlichen Systems zur Vergabe eines Umweltzeichens, KOM (96) 603 endg. vom 11.12.1996, Brüssel 1996, Artikel 1, Punkt 2, S. 25.

15 Darüber hinaus stellt sich auch die Frage, ob der relativ schlechte Primärenergiewirkungsgrad von fossilen Wärmekraftwerken den Einsatz eines Elektromotors erlaubt.

III. Ökologieorientierte Innovationsprozesse

Das wirtschaftliche Wachstum und die langfristige Sicherung der Unternehmen werden überwiegend von Innovationen – das heißt neue Produkte und Prozesse – getragen, die damit einen wichtigen Beitrag zur Festigung der eigenen Wettbewerbsposition im aufgrund wachsender Globalisierungs- und Konzentrationstendenzen zunehmenden Wettbewerb und zur Überwindung wirtschaftlicher Probleme leisten.[16]

Zunehmend muß jedoch auch dem ökologische Aspekt der Innovation – vor allem im Hinblick auf die ständig wachsende Bedeutung des Umweltschutzaspektes und den daraus entstehenden Impulsen aus dem Umweltbereich der Unternehmen – Rechnung getragen werden. Auf die „Herausforderung Umweltsituation" müssen proaktive Unternehmen mit umweltgerechten Innovationen antworten.

Es findet sich eine Vielzahl von Definitionen und Abgrenzungen für den Begriff der Innovation. Dies ist darauf zurückzuführen, daß sich Vertreter verschiedener wissenschaftlicher Disziplinen in Untersuchungen mit unterschiedlichem Interessenschwerpunkt mit dem Thema der Innovation befassen.[17] In der Regel weisen jedoch sämtliche Definitionen eine bestimmte Gemeinsamkeit auf, die sich auch aus der etymologischen Analyse ergibt. Sie

---

[16] Zur Innovationskraft deutscher Unternehmen im internationalen Vergleich vgl. *Peter Milling*: Forschung und Innovation in der Industrie, in: Erwin Dichtl (Hrsg.): „Standort Bundesrepublik Deutschland": die Wettbewerbsbedingungen auf dem Prüfstand, Frankfurt (Main) 1994, S. 51-73. Auf die volkswirtschaftliche Bedeutung von Innovationen weist bereits Schumpeter hin. Vgl. *Joseph Schumpeter*: Theorie der wirtschaftlichen Entwicklung: eine Untersuchung über Unternehmergewinn, Kapital, Kredit, Zins und den Konjunkturzyklus, 6. Aufl., Berlin 1964, S. 99 ff. Vgl. auch *Erich Zahn*: Innovations- und Technologiemanagement. Eine strategische Schlüsselaufgabe der Unternehmen, in: Erich Zahn (Hrsg.): Technologie- und Innovationsmanagement, Berlin 1986, S. 9 ff., sowie *Norbert Thom*: Grundlagen des betrieblichen Innovationsmanagements, 2. Auflage, Königstein (Taunus) 1980, S. 4 ff. Zur Bedeutung der Innovationen für Unternehmen vgl. *Peter Brose*: Planung, Bewertung und Kontrolle technologischer Innovationen, Berlin 1982, S. 1 f. Allesch und Poppenheger bezeichnen Innovationen als „Prinzip wirtschaftlichen Handelns" bzw. als „permanenten Prozeß". Vgl. *Jürgen Allesch* und *Bernd Poppenheger:* Betriebliches Innovations-Management in dynamischen Umwelten, in: Jürgen Allesch und Dagmar Brodde (Hrsg.): Praxis des Innovationsmanagements: Planung, Durchführung und Kontrolle technischer Neuerungen in mittelständischen Unternehmen, Berlin 1986, S. 11. Bei Bierich wird die Bedeutung von Innovationen für die Wettbewerbsfähigkeit eines Unternehmens am Beispiel eines Automobilzulieferers dargestellt. Vgl. *Marcus Bierich*: Innovation und Wettbewerbsfähigkeit: Zwei Fallbeispiele aus dem Hause Bosch, in: Erwin Dichtl, Wolfgang Gerke und Alfred Kieser (Hrsg.): Innovation und Wettbewerbsfähigkeit, Wiesbaden 1987, S. 1-15.

[17] Vgl. *Hans Corsten* und *Bernd Meier*: Organisationsstruktur und Innovationsprozesse (I), in: Das Wirtschaftsstudium, 12. Jg. (1983), Nr. 6, S. 251, sowie eine kurze Übersicht bei *Hans Corsten*: Der nationale Technologietransfer: Formen – Elemente – Gestaltungsmöglichkeiten – Probleme, Berlin 1982, S. 517 f.

implizieren das „Schaffen von etwas Neuem".[18] Konstitutives Merkmal der Innovation ist damit die Neuheit.[19]

Ungeachtet des im allgemeinen sehr differenziert betrachteten Begriffs der Innovation wird in vorliegender Arbeit der Definition Hinterhubers gefolgt.[20] Schon Hinterhuber subsumierte in seiner Arbeit unter Innovation auch die „Beseitigung der schädlichen Auswirkungen der bestehenden oder geplanten Produkte, Verfahren und Produktverwendungen" auf die natürliche und soziale Umwelt und hob damit die ökologieorientierte Komponente des Begriffs „Innovation" hervor.[21] Damit ist unter dem Begriff der Innovation auch die Entwicklung ökologieorientierter Produkte und Prozesse zu verstehen, was sich in folgenden Aspekten konkretisiert:[22]

1. Reduktion der Umweltbelastung durch Änderung bzw. Beseitigung schädlicher Auswirkungen bestehender Verfahren und Produkte auf die natürliche und soziale Umwelt,

2. Erhöhung der Wirkungsgrade der Prozesse sowie weitestgehend geschlossene Kreislaufführung,

3. Reduktion des Einsatzes nicht erneuerbarer Ressourcen sowie Reduktion des Energieaufwandes bei Herstellung, Gebrauch und Entsorgung der Produkte,

4. Ersatz nicht rezyklierbarer Produkte durch rezyklierbare Produkte.

Es existiert eine große Anzahl an Klassifikationskriterien zur Abgrenzung der verschiedenen Innovationsarten.[23] An dieser Stelle sollen diejenigen Erscheinungsformen von Innovationen aufgezeigt werden, die für die

---

[18] Zur etymologischen Analyse des Begriffs „Innovation" vgl. *Hans Hartmann Hinterhuber*: Innovationsdynamik und Unternehmensführung, Wien / New York, 1975, S. 26.

[19] Vgl. *Peter Brose*: Planung, Bewertung und Kontrolle technologischer Innovationen, S. 9. So bedeutet Innovation auch im Schumpeterschen Sinn die „Durchsetzung neuer Kombinationen". Darunter subsumiert Schumpeter nicht nur die Herstellung neuer Güter, sondern auch die Einführung neuer Produktionsverfahren, die Erschließung neuer Absatz- und Beschaffungsmärkte sowie Neuerungen im organisatorischen Bereich. Vgl. *Joseph Schumpeter*: Theorie der wirtschaftlichen Entwicklung, S. 100 f.

[20] Die Definition Hinterhubers wird insbesondere im Hinblick auf die Ausführungen zur umweltorientierten Produktentwicklung in Kapitel C gewählt.

[21] Vgl. *Hans Hartmann Hinterhuber*: Innovationsdynamik und Unternehmensführung, S. 28.

[22] In Anlehnung an *Hans Hartmann Hinterhuber*: Innovationsdynamik und Unternehmensführung, S. 28 f.

[23] Vgl. hierzu auch die Ausführungen bei *Norbert Thom*: Grundlagen des betrieblichen Innovationsmanagements, S. 32 ff., oder die Übersicht bei *Hans Corsten*: Der nationale Technologietransfer, S. 521 ff., sowie die dort angegebene Literatur.

vorliegende Arbeit relevant sind: Innovationen, differenziert hinsichtlich des Innovationsobjektes, und Innovationen, differenziert hinsichtlich des Neuigkeitsgrades.

Im Rahmen einer ergebnis- bzw. objektbezogenen Sichtweise von Innovationen werden – wie in Abbildung A-2 dargestellt – Produkt-, Prozeß- und Sozialinnovationen unterschieden, wobei Produkt- und Prozeßinnovationen vielfach auch unter dem Begriff der technologischen Innovationen zusammengefaßt werden.[24]

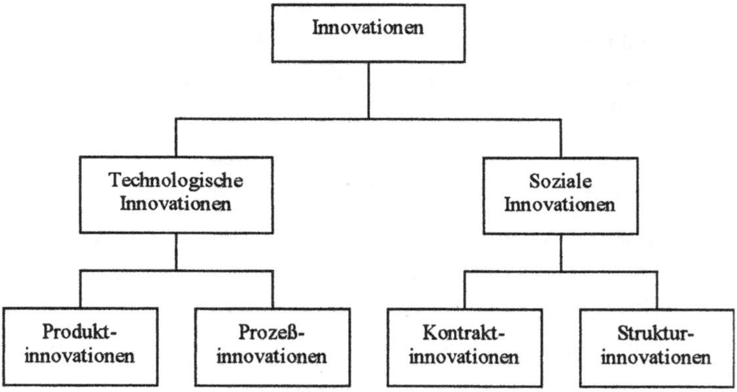

Abb. A-2: Erscheinungsformen von Innovationen

Technologische Innovationen „...resultieren aus der Erweiterung naturwissenschaftlich-technischen Wissens als Ergebnis erfolgreicher Forschungs- und Entwicklungstätigkeit"[25] und deren marktlichen Verwertung in Produkten bzw. Dienstleistungen und Prozessen.

---

24 Zum objektbezogenen Innovationsbegriff vgl. ausführlich *Norbert Thom*: Grundlagen des Innovationsmanagements, S. 32 ff. sowie *Rainer Marr*: Innovation, in: Erwin Grochla (Hrsg.): Handwörterbuch der Organisation, 2., völlig neu gestaltete Auflage, Stuttgart 1980, Sp. 951. Banning und Meissner unterscheiden zusätzlich noch die ästhetische Innovation. Vgl. *Thomas Banning*: Marketing für Innovationen, in: Jürgen Allesch und Dagmar Brodde (Hrsg.): Praxis des Innovationsmanagements: Planung, Durchführung und Kontrolle technischer Neuerungen in mittelständischen Unternehmen, Berlin 1986, S. 82, sowie *Hans Günther Meissner*: Marketing für Innovationen, in: Hans Günther Meissner und Reinhard Winkelgrund (Hrsg.): Marketing für Innovationen, Dortmund 1984, S. 9 f.

25 *Rainer Marr*: Innovation, Sp. 950.

Produktinnovationen beinhalten Neuerungen im Sach- und Dienstleistungen umfassenden Leistungsangebot einer Unternehmung und entstehen durch die Realisierung neuer technischer Prinzipien. Die Verwendung eines weitgefaßten Produktbegriffs, das heißt Produkt sowohl als Sach- wie auch als Dienstleistung, erscheint aufgrund der zunehmenden Bedeutung ganzheitlicher Problemlösungen am Markt gerechtfertigt.[26] Produktinnovationen können aus eigener Forschungs- und Entwicklungstätigkeit resultieren sowie durch Lizenznahme, Beteiligungserwerb oder Unternehmenskauf erworben worden sein.[27]

Prozeßinnovationen sind das Ergebnis der „...Nutzung neuen technischen Wissens für den Prozeß der Leistungserstellung..." und umfassen auch die „Verbesserung der Technizität der Faktorkombination durch Minderung des Ressourcenverbrauchs" sowie humanitäre und ökologische Aspekte.[28]

Während der Begriff der Produktinnovation das Ergebnis der betrieblichen Leistungserstellungsprozesse beschreibt, bezieht sich der Begriff der Prozeßinnovation auf die Gestaltung des eigentlichen Leistungserstellungsprozesses.[29]

Mit dem Begriff der Sozialinnovation werden Neuerungen im Organisations- bzw. im Humanbereich eines Unternehmens erfaßt, deren Ziel eine Förderung der Leistungsfähigkeit und -bereitschaft darstellt.[30] Sozialinnovationen beschreiben Reaktionen auf den „...Entwicklungsprozeß, dem das Wert- und Normensystem einer Gesellschaft unterworfen ist."[31] Sozialinnovationen werden differenziert in Kontraktinnovationen, die unter anderem durch Veränderungen hinsichtlich der Aufgabenstruktur oder des Entgelt- und Beteiligungssystems unmittelbare Auswirkungen auf das Anreiz-Beitrags-Verhältnis zwischen Mitarbeiter und Organisation haben, und in Strukturinnovationen, die durch Änderungen in der Führungskonzeption oder durch Bildung von Arbeitsgruppen nur mittelbar das Anreiz-Beitrags-Verhältnis über eine Umgestaltung der Rahmenbedingungen verändern.[32]

---

[26] Vgl. hierzu *Rolf Hanschmann*: Innovative Unternehmenspolitik, in: MARKETING Zeitschrift für Forschung und Praxis, 4. Jg. (1982), Heft 2, S. 112.

[27] Vgl. *Rainer Marr*: Innovation, Sp. 950.

[28] Vgl. *ebenda*, Sp. 951. Das Effizienzkriterium „Technizität" besagt, „...daß für den festgelegten Zweck ein naturales Minimum an Mitteln eingesetzt werden soll." *Erich Kosiol*: Organisation der Unternehmung, 2., durchgesehene Auflage, Wiesbaden 1976, S. 25.

[29] Vgl. *Norbert Thom*: Grundlagen des betrieblichen Innovationsmanagements, S. 36.

[30] Vgl. *ebenda*, S. 37.

[31] *Rainer Marr*: Innovation, Sp. 949.

[32] Vgl. *ebenda*, Sp. 950.

Zwischen Produkt-, Prozeß- und Sozialinnovationen bestehen Interdependenzen.[33] Für ein erfolgreiches ökologieorientiertes Innovationsmanagement ist es unabdingbar, diese gegenseitigen Abhängigkeiten zu berücksichtigen. So ist zum Beispiel für eine gelungene Realisierung von ökologieorientierten Produktinnovationen unter Umständen ein Wechsel des Fertigungsverfahrens erforderlich.[34]

Im Mittelpunkt dieser Arbeit stehen Produkt- und Prozeßinnovationen, weil sie auf den unmittelbaren Zweck ökologieorientierter Innovationen ausgerichtet sind. Jedoch dürfen auch die für Produkt- und Prozeßinnovationen notwendigen Sozialinnovationen nicht unberücksichtigt bleiben, wie die Aus- und Weiterbildungsmaßnahmen der Mitarbeiter in Anbetracht ihrer Funktion als Scanner innerhalb eines betrieblichen Frühaufklärungssystems.[35]

Wird als Klassifikationsmerkmal der Neuigkeitsgrad von Innovationen zugrundegelegt, kann zwischen Basis- und Verbesserungsinnovationen differenziert werden.[36]

Basisinnovationen enthalten einen hohen Neuigkeitsgrad. Sie schaffen neue Märkte und Industriezweige und werden auch als Motor des Wirtschaftswachstums betrachtet.[37] Demgegenüber weisen Verbesserungsinnovationen nur einen geringen Neuigkeitsgrad auf und sind lediglich Weiterentwicklungen bereits bestehender Leistungen. Während Innovationen mit geringem Neuigkeitsgrad in der Regel das Ergebnis einer marktorientierten Innovationsplanung (market pull) darstellen, sind Innovationen mit hohem Neuigkeitsgrad eher Bestandteil einer technologieorientierten Strategie (technology push).[38]

---

[33] So hat die zunehmende Automatisierung in der Produktion auch Änderungen im Humanbereich verursacht. Vgl. hierzu *Erich Staudt*: Technische Entwicklung und soziale Innovationen – Dezentralisierung und Individualisierung, in: *Erich Straudt* (Hrsg.): Das Management von Innovationen, Frankfurt (Main) 1986, S. 421 ff.

[34] Zu Interdependenzen zwischen Produkt- und Prozeßinnovationen vgl. auch *Peter Milling*: Diffusionstheorie und Innovationsmanagement, in: *Erich Zahn* (Hrsg.): Technologie- und Innovationsmanagement, Berlin 1986, S. 51.

[35] Vgl. hierzu auch Abschnitt B.IV.

[36] Vgl. hierzu ausführlich *Gerhard Mensch*: Basisinnovationen und Verbesserungsinnovationen, in: Zeitschrift für Betriebswirtschaft, 42. Jg. (1972), Heft 4, S. 292 ff. Darüber hinaus unterscheidet *Gerhard Mensch*: Das technologische Patt: Innovationen überwinden die Depressionen, Frankfurt (Main) 1975, S. 37, die Zwischentypen Basisinnovationen, radikale Neuerungen, sehr bedeutsame Verbesserungsinnovationen, bedeutsame Verbesserungsinnovationen und einfache Verbesserungen.

[37] Vgl. hierzu die aufgeführten Beispiele bei *Gerhard Mensch*: Basisinnovationen und Verbesserungsinnovationen, S. 293.

[38] Vgl. ähnlich bei *Martin Benkenstein*: Koordination von Forschung & Entwicklung und Marketing, in: MARKETING Zeitschrift für Forschung und Praxis, 9. Jg. (1987), Heft 2, S. 123.

In vorliegender Arbeit werden in der Hauptsache Verbesserungsinnovationen angesprochen, das heißt die Entwicklung und Einführung neuer Produkte und Prozesse, die ihren Vorgängern hinsichtlich der Umwelteigenschaften überlegen sind. In den seltensten Fällen wird das Ergebnis eines ökologieorientierten Innovationsprozesses eine Basisinnovation sein.

Die Planung und Entwicklung von Innovationen wird in der Literatur weitgehend übereinstimmend als ein „längerfristiges prozessuales Geschehen“[39] verstanden, das „...beginnt mit dem mehr oder weniger aktiven Erkennen eines Innovationsbedarfs und endet mit dem Einsatz des neuen Gegenstands beim Nutzer.“[40] Eine effiziente Steuerung ökologieorientierter Innovationen setzt eine detaillierte Analyse dieses Prozesses und der ihn kennzeichnenden Merkmale voraus.

Im allgemeinen wird davon ausgegangen, daß zu einer effizienten Steuerung des komplizierten Innovationsprozesses dieser in Phasen unterteilt werden sollte. Lediglich über Anzahl und Inhalt der Phasen existieren je nach Untersuchungszweck unterschiedliche Ansichten.[41] Da jedoch im Verlauf der Innovationstätigkeit zahlreiche Entscheidungen zu treffen sind und sich die Planung und Entwicklung von Innovationen unter prozeßbezogener Perspektive als gestaltungsfähiger Entscheidungs- und Durchsetzungsprozeß darstellt, orientieren sich die zur Abbildung des Innovationsprozesses vorgeschlagenen Phasenschemata im wesentlichen an den für allgemeine Problemlösungs- und Entscheidungsprozesse entwickelten Schemata.[42]

---

[39] *Peter Brose*: Planung, Bewertung und Kontrolle technologischer Innovationen, S. 39.

[40] *Günter Specht*: Qualitätsmanagement im Innovationsprozeß unter besonderer Berücksichtigung der Schnittstellen zwischen FuE und Vertrieb, in: Günter Specht, Werner Silberer und Hans Engelhardt (Hrsg.): Marketing Schnittstellen: Herausforderungen für das Management, Stuttgart 1989, S. 143.

[41] Umfangreiche Übersichten der in der Literatur behandelten Phasenmodelle sind von Brose und Thom erstellt worden. Vgl. *Peter Brose*: Planung, Bewertung und Kontrolle technologischer Innovationen, S. 46 ff., sowie *Norbert Thom*: Grundlagen des betrieblichen Innovationsmanagements, S. 46 ff.

[42] Die unternehmerische Entscheidung vollzieht sich in mehreren Stufen bzw. Phasen. In der Entscheidungstheorie wird jede Entscheidung als Prozeß aufgefaßt. Vgl. *Edmund Heinen*: Grundfragen der entscheidungsorientierten Betriebswirtschaftslehre, München 1976, S. 205. Dieser Prozeß wird in ablauforientierten Modellen bzw. Phasenmodellen abgebildet, die eine logische Strukturierung der im Verlauf eines Entscheidungsprozesses anfallenden Teilaufgaben zum Ziel haben. Vgl. unter anderem *Heinz Rehkugler* und *Volker Schindler*: Entscheidungstheorie: Erklärung und Gestaltung betrieblicher Entscheidungen, 4. Auflage, München 1989, S. 221, sowie *Edmund Heinen*: Grundfragen der entscheidungsorientierten Betriebswirtschaftslehre, S. 205. Die Verwendung derartiger Phasenmodelle soll jedoch keine starr festgelegte Abfolge von Aktivitäten beschreiben. Vielmehr sind sie durch ständige Vor- und Rückkopplungen zwischen den einzelnen Phasen charakterisiert und können in Analogie zu kybernetischen Modellen als Regelkreis bezeichnet werden. Vgl. *Edmund Heinen*: Grundfragen der entscheidungsorientierten Betriebswirtschaftslehre, S. 206, sowie *Rainer Bramsemann*: Controlling, 2., verbesserte Auflage, Wiesbaden 1980, S. 15.

Bei der Untersuchung der Phasenmodelle ist zwischen einer engen und einer weiten Interpretation des Begriffes „Innovationsprozeß" gemäß der unterschiedlich tiefen Strukturierung der Phasenmodelle zu differenzieren. Die enge Auffassung wird durch das undifferenzierteste Modell vertreten, das lediglich die zwei Phasen Invention (Ideengenerierung) und Innovation (Ideenrealisierung) umfaßt. Die Verwendung dieses Phasenschematas für die hier zu behandelnde Aufgabenstellung erscheint als ungeeignet, da es die Forderung nach einer realitätsnahen Abbildung der Komplexität ökologischer Innovationsprozesse und der vorherrschenden Interdependenzen nicht erfüllt. Für die Zwecke dieser Arbeit erscheint es aus diesen Gründen zweckmäßig, ein tiefer strukturiertes Phasenmodell zu verwenden, anhand dessen detaillierte Vorschläge zur Ausgestaltung der Phasen ökologieorientierter Innovationsprozesse erarbeitet werden können.

Hierunter fällt das Phasenmodell des VDI-Gemeinschaftsausschusses Produktplanung. Im Gegensatz zu anderen Phasenmodellen, die im allgemeinen mit der Ideengenerierung beginnen, wird in diesem auch eine vorgelagerte Phase der Umwelt- und Unternehmensbeobachtung berücksichtigt.[43] Diese ist gerade bei ökologieorientierten Innovationsprozessen bedeutend, da eine unendliche Vielfalt an vom Unternehmen kaum zu beeinflussenden politisch-rechtlichen, physisch-ökologischen, gesellschaftlichen und technologischen Komponenten Auslöser für umweltgerechte Innovationen sein können, so daß der Startpunkt des Innovationsprozesses schon vor der Ideengenerierung liegt.

In Abbildung A-3 wird das der Arbeit zugrundeliegende Phasenmodell vorgestellt, das sich im wesentlichen am Phasenmodell des VDI-Gemeinschaftsausschusses Produktplanung orientiert – ergänzt um Unternehmensphilosophie und Zielsystem, die den Bezugsrahmen ökologieorientierter Innovationsprozesse bilden.

Die Unternehmensphilosophie stellt im Sinne einer einheitlichen Wertbasis die Grundvoraussetzung zur Schaffung eines ökologieorientierten Innovationsbewußtseins dar.[44] Sie besitzt jedoch für die Entwicklung umweltorientierter Produkte lediglich eine indirekte Steuerungsfunktion, da sie nur die allgemeinen Grundsätze der Unternehmenspolitik beinhaltet. Eine direkte Steuerungsfunktion für ökologieorientierte Innovationsprozesse besitzt das unternehmerische Zielsystem. Es bildet den Ausgangspunkt jeglichen unter-

---

43 Vgl. *VDI-Gemeinschaftsausschuß Produktplanung*: Systematische Produktplanung – ein Mittel zur Unternehmenssicherung, Düsseldorf 1976, S. 11.

44 Zur Bedeutung der Unternehmensphilosophie für das unternehmenspolitische Verhalten vgl. *Peter Milling*: Systemtheoretische Grundlagen zur Planung der Unternehmenspolitik, Mannheim 1979, S. 41 ff.

nehmerischen Handelns. Um die Entwicklung umweltorientierter Produkte bzw. Prozesse zu fördern, ist es notwendig, ökologieorientierte Zielsetzungen als außerökonomische Sachziele in das unternehmerische Zielsystem zu integrieren.[45]

Der Informationsschwerpunkt in der strategischen Analysephase liegt insbesondere darauf, schwache Signale, die auf Chancen zur Entwicklung umweltfreundlicher Produkte und Prozesse hinweisen, rechtzeitig zu erkennen und auf Basis entsprechender Analysen Strategieempfehlungen abzuleiten. Schwache Signale aus Unternehmung und Umwelt sind ständig zu erfassen und „feed-forward-gerichtet" auch in den nachfolgenden Phasen zu berücksichtigen.

Innerhalb der Inventions- bzw. Konzipierungsphase werden die in der strategischen Analysephase abgeleiteten Strategien realisiert. In der Ideengenerierungsphase werden Problemlösungskonzepte erarbeitet, die in der sich anschließenden Phase bewertet werden. Nach der Entscheidung für ein konkretes Konzept wird dieses schrittweise umgesetzt. Die Ergebnisse marktlicher Vorstudien können zu Veränderungen am projektierten Produkt oder Verfahren führen.

Die letzte Phase des in Abbildung A-3 dargestellten Innovationsprozesses ist die Phase der wirtschaftlichen Nutzung und Verwertung. Die Erkenntnisse aus den permanent durchzuführenden Kontrollen und Analysen der Unternehmensergebnisse können in Form von Verbesserungsinnovationen berücksichtigt werden.

Für den ökologieorientierten Ablauf von Innovationsprozessen sind insbesondere die Phase der Früherkennung sowie die Entwicklungsphase von Bedeutung, denn im Gegensatz zu den übrigen Phasen weisen sie ein besonders hohes umweltorientiertes Steuerungspotential auf.

---

45 Vgl. hierzu auch *Peter Eichhorn*: Umweltschutz als Unternehmensziel, in: Peter Eichhorn (Hrsg.): Ökologie und Marktwirtschaft: Probleme, Ursachen und Lösungen, Wiesbaden 1996, S. 74.

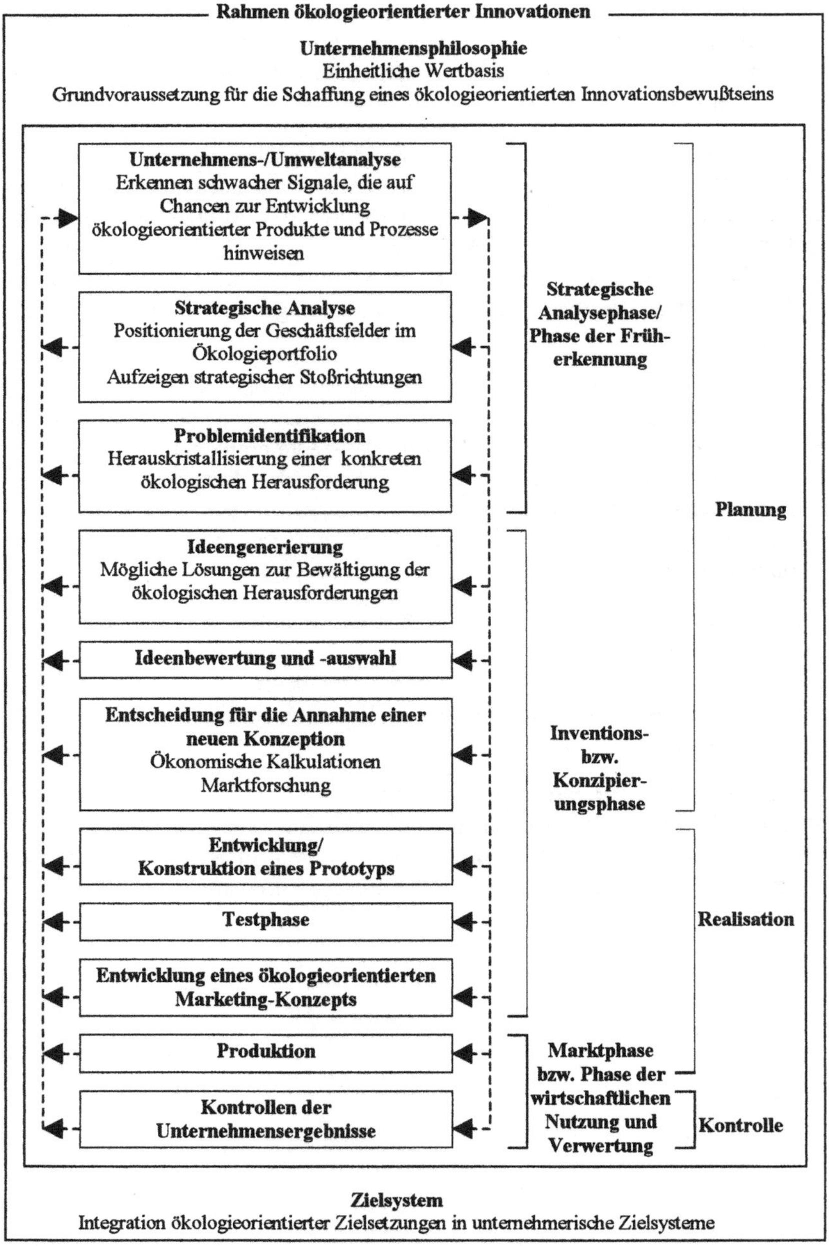

Abb. A-3: Idealtypisches Phasenmodell für ökologieorientierte Innovationsprozesse

Während der Prozeßcharakter von Innovationen empirisch überprüft und bestätigt wurde, konnte eine zeitliche Reihenfolge der Phasen nicht nachgewiesen werden.[46] Den meisten Modellen liegt jedoch zugrunde, daß sie sequentiell angeordnete Phasen aufweisen, das heißt die nächste Phase beginnt erst dann, wenn die vorangegangene abgeschlossen ist. In der Realität ist es jedoch analytisch fast unmöglich, die einzelnen Abschnitte genau gegeneinander abzugrenzen, da viele Aktivitäten parallel ablaufen und zwischen den einzelnen Phasen sowohl zeitliche als auch inhaltliche Interdependenzen bestehen.[47] Dieser Kritikpunkt wird weitestgehend bei dem in Abbildung A-3 dargestellten Modell behoben, da zugelassene feed-forward- bzw. feed-back-Beziehungen ein Überspringen oder Parallelverlaufen einzelner Phasen nicht ausschließen bzw. Wiederholungsschleifen zulassen.

---

[46] Vgl. hierzu die Ergebnisse des Projektes „Columbus" bei *Eberhard Witte*: Phasen-Theorem und Organisation komplexer Entscheidungsverläufe, in: Eberhard Witte, Jürgen Hauschildt und Oskar Grün (Hrsg.): Innovative Entscheidungsprozesse: die Ergebnisse des Projektes „Columbus", Tübingen 1988, S. 206 ff.

[47] Zur Kritik an den Phasenmodellen vgl. unter anderem *Norbert Thom*: Grundlagen des betrieblichen Innovationsmanagements, S. 4, sowie *Hans Corsten*: Überlegungen zu einem Innovationsmanagement – Organisationale und personale Aspekte, in: Hans Corsten (Hrsg.): Die Gestaltung von Innovationsprozessen: Hindernisse und Erfolgsfaktoren im Organisations-, Finanz- und Informationsbereich, Berlin 1989, S. 4. Der Komponentenansatz von Müller-Merbach hingegen stimmt zwar inhaltlich mit den Phasen des Phasenkonzepts überein, läßt jedoch eine völlige Parallelität der Aktivitäten zu. Vgl. *Heiner Müller-Merbach*: Projektorganisation nach dem Komponentenkonzept, in: Wolfgang Bauer (Hrsg.): Programmiersprachen und Programmentwicklung, Berlin 1982, S. 96 ff., sowie *Heiner Müller-Merbach*: Systemanalyse als gelenkter kreativer Prozeß, in: Heinz Schelle und Peter Molzberger (Hrsg.): Psychologische Aspekte der Software-Entwicklung, München / Wien 1983, S. 112 ff.

B. Frühzeitiges Erkennen von Chancen zur Entwicklung umweltfreundlicher Produkte und Prozesse

Aufgrund zunehmender Umweltveränderungen sind Unternehmen mit sich immer schneller wandelnden Rahmenbedingungen in verschiedenen Bereichen konfrontiert, was zu einem hohen Maß an Ungewißheit hinsichtlich der zukünftigen Entwicklung der Unternehmensumwelt führt und dadurch die mit langfristigen Entscheidungen - vor allem Innovationsentscheidungen - verbundenen Risiken erheblich größer werden.[48] Dieses Problem wird in der betriebswirtschaftlichen Literatur allgemein als „erhöhte Turbulenz der Umwelt" bezeichnet.[49]

Zunehmend entstehen Turbulenzen jedoch auch aufgrund der ständig wachsenden Bedeutung des Umweltschutzaspektes und den daraus entstehenden Impulsen aus dem Umweltbereich der Unternehmen.[50] Demgegenüber steht das wegen zunehmender Turbulenzen und der daraus resultierenden Ungewißheit verständliche zögerliche Verhalten der am Markt agierenden Unternehmen hinsichtlich Investitionen in umweltorientierte Produkt- und Prozeßinnovationen.

Relevante Veränderungen in der Umwelt der Unternehmung, die darauf hindeuten, daß ökologische Herausforderungen von bestimmten strategischen

---

48 Vgl. hierzu die Ausführungen hinsichtlich der Entwicklungen der Wirtschaft, der Technologien, der sozialen Umwelt und der Politik seit Beginn der siebziger Jahre bei *Ignaz Rieser*: Frühwarnsysteme für die Unternehmenspraxis, München / Florenz 1980, S. 20 ff. Durch das starke Wachstum der westlichen Industrienationen in den 50er und 60er Jahren wurden Probleme einzelner Unternehmen überdeckt. Die modifizierten weltwirtschaftlichen Bedingungen nach der ersten Ölpreiskrise sowie Umstrukturierungen in anderen Bereichen änderten dies. Vgl. *Walter Klausmann*: Betriebliche Frühwarnsysteme im Wandel, in: Zeitschrift Führung und Organisation, 52. Jg. (1983), Nr. 1, S. 39.

49 Vgl. hierzu *Karl Dieter Mauthe*: Strategische Analyse: Darstellung und kritische Würdigung bestehender Ansätze zur Strategischen Unternehmens- und Umweltanalyse, Diss., München 1984, S. 1 ff., sowie *Jürgen Allesch* und *Bernd Poppenheger*: Betriebliches Innovations-Management in dynamischen Umwelten, S. 13. Zum Mythos der Turbulenz vgl. *S.N. Woodward*: The Myth of Turbulence, in: Futures, 14. Jg. (1982), Nr. 4, S. 266 ff.

50 An dieser Stelle sei nur auf das mittlerweile sehr ausgedehnte Umweltrecht mit seinem Umweltstrafrecht sowie die konsequenteren Reaktionen der Öffentlichkeit auf umweltbelastende Produkte hingewiesen.

Geschäftseinheiten nicht mehr bewältigt werden können, werden zu spät erkannt bzw. die benötigte Zeitspanne für entsprechende Reaktionen zur rechtzeitigen Einleitung des Innovationsprozesses ist zu groß.

Während jedoch Gefahren irgendwann – wenn auch zu spät – vom Unternehmen erkannt und eventuell durch ein gut funktionierendes Krisenmanagement noch abzuwenden sind, können Chancen bzw. Gelegenheiten – werden sie zu spät erkannt – nicht mehr realisiert werden. Dies gilt vor allem auch im Bereich ökologieorientierter Produkt- und Prozeßinnovationen. Eine langfristige Existenzsicherung setzt aus diesem Grunde vor allem im Umweltbereich ein Informations- bzw. Frühaufklärungssystem als Instrument der Unternehmensführung voraus.

Ein ökologieorientiertes Frühaufklärungssystem muß die Voraussetzung erfüllen, daß schwache Signale aus dem Umweltbereich, die Chancen für eine erfolgreiche ökologische Produkt- und Prozeßentwicklung signalisieren, rechtzeitig vom Unternehmen wahrgenommen werden, so daß die Innovationstätigkeit entsprechend ausgerichtet bzw. Innovationsprozesse frühzeitig eingeleitet werden können.

Eine Unternehmung hat grundsätzlich die Möglichkeit, sich gegenüber ihrem Umsystem mehr aktiv zu verhalten bzw. es zu beeinflussen oder sich reaktiv zu verhalten bzw. sich dem Umsystem anzupassen.[51] Grundlegende Voraussetzung für aktives oder reaktives Verhalten ist jedoch die systematische Beobachtung und Analyse des Umsystems einer Unternehmung, „anderenfalls befindet sich die Unternehmung gegenüber ihrem Umsystem im Zustand der Ignoranz, der keine rationale Verhaltensweise – sei sie aktiv oder reaktiv – möglich macht."[52]

Das Frühaufklärungssystem[53] im Rahmen der Aufgabenstellung stellt eine Maßnahme reaktiven Verhaltens dar, um Voraussetzungen für aktives Verhalten bzw. um Voraussetzungen für die rechtzeitige Einleitung umweltorientierter Produkt- und Prozeßentwicklungen zu schaffen. Durch entsprechende Weichenstellungen in der Gegenwart bzw. durch frühzeitiges

---

[51] Im Gegensatz zum reaktiven Verhalten strebt die Unternehmung beim aktiven Verhalten „nach aktiver Mitgestaltung der Zukunft, nach Einflußnahme auch auf das Umsystem im Rahmen ihrer Zielsetzungen und Möglichkeiten." *Peter Milling*: Systemtheoretische Grundlagen zur Planung der Unternehmenspolitik, S. 60. Zum unternehmenspolitischen Verhalten gegenüber der Unternehmensumwelt vgl. ausführlich ebenda, S. 48 ff.

[52] *Herbert Kubicek* und *Norbert Thom*: Betriebliches Umsystem, in: Erwin Grochla und Waldemar Wittmann (Hrsg.): Handwörterbuch der Betriebswirtschaft, 4. Auflage, Stuttgart 1976, Sp. 4008.

[53] Um genau zu sein, dürfte hier nicht von einem Frühaufklärungs*system* gesprochen werden, denn Frühaufklärung zieht sich durch alle Teilsysteme eines strategischen Managements.

„strategisches Agieren" soll die Zukunft des Unternehmens langfristig gesichert werden, um ein „kurzfristiges Reagieren" zu vermeiden.

Von den meisten Unternehmen wurde im Bereich der Frühaufklärung – sind Frühaufklärungssysteme überhaupt installiert – jedoch bisher der Umweltschutzaspekt vernachlässigt.

I. Entwicklungsstufen der Frühaufklärungssysteme

Das Grundprinzip der Frühaufklärung im Rahmen umweltorientierter Innovationsprozesse liegt in der frühzeitigen Wahrnehmung von aus veränderten Rahmenbedingungen resultierenden Chancen auf erfolgreiche ökologieorientierte Produkt- und Prozeßinnovationen, mit dem Ziel, rechtzeitig auf diese veränderten Rahmenbedingungen reagieren bzw. rechtzeitig den Anstoß zur Entwicklung umweltschonender Produkte und Prozesse geben zu können.

Werden Chancen für umweltfreundliche Produkt- und Prozeßinnovationen verpaßt, kann dies eine Existenzgefährdung bzw. gar -vernichtung zur Folge haben. Es existiert eine Fülle von Modellen, Systemen und Methoden, mit dem Ziel, rechtzeitig Chancen bzw. Risiken zu erkennen. Sie werden allgemein in drei Entwicklungsstufen unterteilt.[54]

Die erste Generation von Frühaufklärungssystemen konzentriert sich im wesentlichen auf Daten aus der operativen Unternehmensplanung. Es wird ein permanenter Vergleich zwischen Plan- und hochgerechneten Istwerten vorgenommen. Ziel ist die rechtzeitige Aktualisierung von Plänen vor oder während ihrer Realisierung, wenn sie aufgrund der Soll/Ist-Vergleiche als überholt gelten müssen.

Da das aus der Verknüpfung des klassischen Rechnungs- und Finanzwesens mit der Unternehmensplanung geschöpfte Zahlenmaterial nur aus abgeschlossenen Aktivitäten der Vorperiode bzw. aus Hochrechnungen resultiert, leiden die Frühaufklärungssysteme der ersten Generation unter der negativen Eigenschaft der Vergangenheitsorientierung. Bereits vorhandene Krisen werden zwar früh aufgedeckt (after fact approach), latente Krisen jedoch werden nicht erkannt (before fact approach). Aus diesem Grund erfüllt die

---

[54] In der betriebswirtschaftlichen Literatur wird weitestgehend übereinstimmend von einer Drei-Stufen-Entwicklung der Frühaufklärungssysteme ausgegangen. Vgl. beispielsweise *Walter Klausmann*: Betriebliche Frühwarnsysteme im Wandel, S. 41 ff., sowie *Dietger Hahn*: Frühwarnsysteme, in: Gerhard Buchinger (Hrsg.): Umfeldanalysen für das strategische Management: Konzeptionen, Praxis, Entwicklungstendenzen, Wien 1983, S. 7 ff., sowie *Peter Gomez*: Frühwarnung und Strategische Unternehmensführung, in: Management Forum, 5. Jg. (1985), Nr. 5, S. 159 ff.

erste Generation der Frühaufklärungssysteme die Aufgabe eines ökologieorientierten Frühaufklärungssystems nicht.

Im Zuge der steigenden Umweltdynamik konzentrierte sich in den Jahren 1977-1979 die wissenschaftliche Diskussion darauf, ein Frühaufklärungssystem zu gestalten, das über die einfache Jahresplanungsrechnung hinausgeht. Aufgrund der Tatsache, daß sich mehrere Forscher mit diesem Problem beschäftigt haben, hielt die Wissenschaft auch mehrere Ergebnisse bereit, von denen sich Frühaufklärungssysteme auf Basis sogenannter Indikatoren durchsetzen konnten.

Frühaufklärungssysteme der zweiten Generation basieren auf der Überlegung, daß sich latente Risiken durch Veränderungen an anderer Stelle ankündigen, also Kausalbeziehungen vorliegen. Beim Aufbau eines Frühaufklärungssystems der zweiten Generation besteht die Aufgabe darin, einen umfassenden Katalog an Frühwarnindikatoren, die in der Lage sind, sämtliche unternehmensinterne und -externe Chancen und Risiken frühzeitig anzukündigen, zu definieren und deren Veränderungen zu messen.

Die Problematik beim Aufbau solcher Frühaufklärungssysteme besteht jedoch darin, relevante Kausalbeziehungen aufzudecken und einen möglichst umfassenden Katalog von Indikatoren zusammenzustellen. Ist die Suche nach geeigneten Indikatoren erfolgreich abgeschlossen, werden Sollgrößen bzw. Toleranzgrenzen angegeben, bei deren Überschreitung Warnsignale ausgelöst werden. Eine zentrale Informationsverarbeitungsstelle – wie beispielsweise eine Abteilung für Umweltmanagement – hat die Aufgabe, derartige Warnsignale aufzunehmen, zu verarbeiten und an die Unternehmensleitung weiter zu leiten.

Während Früherkennungssysteme der ersten Generation nur relativ kurzfristig orientiert sind – sie sind wie oben dargestellt im wesentlichen nur auf die Entwicklungen innerhalb eines Geschäftsjahres ausgerichtet – umfassen Frühaufklärungssysteme der zweiten Generation einen längerfristigen Zeitraum. Wegen des fehlenden Strategiebezugs der Indikatoren ist dieser Ansatz im Hinblick auf das rechtzeitige Erkennen von völlig neuartigen Chancen oder Bedrohungen jedoch nur unzureichend.

Die Stärke der Frühaufklärungssysteme der zweiten Generation liegt im quantitativen bzw. meßbaren Bereich. Im strategischen Bereich kündigen sich Chancen bzw. Risiken jedoch zunächst nur durch sogenannte schwache Signale an, die in der Regel qualitativer und nicht quantitativer Art sind.[55] Da

---

[55] Der Begriff der schwachen Signale geht auf Ansoff zurück, der damit wesentliche Impulse zur Entwicklung von Frühaufklärungssystemen der dritten Generation gegeben hat. Vgl. *H. Igor Ansoff*:

Entscheidungen für Investitionen in umweltorientierte Produkt- und Prozeßentwicklungen strategische Entscheidungen darstellen, erfüllen auch die Frühaufklärungssysteme der zweiten Generation nicht die Aufgaben eines ökologieorientierten Frühaufklärungssystems.

Das Problem des fehlenden Strategiebezugs bei Frühaufklärungssystemen der zweiten Generation wird bei den Frühaufklärungssystemen der dritten Generation berücksichtigt, die aus diesem Grund auch als *strategische* Frühaufklärungssysteme bezeichnet werden. Frühaufklärungssysteme der dritten Generation lösen sich vom Indikator-Ansatz der Frühwarnsysteme der zweiten Generation und seinen Stärken im quantitativ-meßbaren Bereich und suchen im Empfang schwacher Signale – in der Regel qualitativer Natur und oft neuartig – die Lösung des Problems.

Die Aufgabe der Frühaufklärungssysteme der dritten Generation besteht darin, strategisch relevante Informationen bzw. schwache Signale über sich anbahnende Ereignisse zu erfassen und sie der Unternehmensführung zu melden. Sie erfüllen insofern die Funktion eines „strategischen Radars".[56]

Während die Konzepte der ersten beiden Generationen genaugenommen noch als reine Früh*warn*systeme zu bezeichnen sind, da ihre Aufgabe lediglich darin besteht, Gefahren rechtzeitig zu erkennen, führen die Konzepte der dritten Generation zurecht die Bezeichnung Früh*aufklärungs*systeme. Die Aufgabe der Frühaufklärungssysteme der dritten Generation besteht nicht nur darin, Gefahren rechtzeitig zu erkennen, sondern darüber hinaus auch Chancen bzw. Gelegenheiten, die sich einem Unternehmen bieten, frühzeitig zu offenbaren. Durch diese Eigenschaft, das rechtzeitige Erkennen von Chancen bzw. Gelegenheiten, sind Frühaufklärungssysteme der dritten Generation auch unter ökologieorientierten Aspekten interessant.[57]

Managing Surprise and Discontinuity – Strategic Response to Weak Signals, Zeitschrift für betriebswirtschaftliche Forschung, 28. Jg. (1976), S. 129-152.

56 Die Bezeichnung „strategischer Radar" wird auch verwendet von *Dietger Hahn*: Frühwarnsysteme, S. 13, sowie *Walter Klausmann*: Betriebliche Frühwarnsysteme im Wandel, S. 43.

57 In der betriebswirtschaftlichen Literatur wurden unter anderem durch Hahn/Krystek, Kirsch/Trux sowie Kühn/Walliser neben Gefahren auch Gelegenheiten einbezogen und damit der Wandel vom Früh*warn*system zum Früh*erkennungs*system vollzogen. Vgl. *Dietger Hahn* und *Ulrich Krystek*: Betriebliche und überbetriebliche Frühwarnsysteme für die Industrie, in: Zeitschrift für betriebswirtschaftliche Forschung, 31. Jg. (1979), S. 76-88, *Werner Kirsch* und *Walter Trux*: Strategische Frühaufklärung und Portfolio-Analyse, in: Zeitschrift für Betriebswirtschaft, 49. Jg. (1979), Ergänzungsheft, Nr. 2, S. 47-69, sowie *Richard Kühn* und *Marius Walliser*: Problementdeckungssystem mit Frühwarneigenschaften, in: Die Unternehmung, 32. Jg. (1978), S. 223-246. Rieser dagegen behält den Begriff der Frühwarnung bei, subsumiert aber darunter auch das rechtzeitige Entdecken von Chancen. Vgl. *Ignaz Rieser*: Frühwarnsysteme, in: Die Unternehmung, 32. Jg. (1978), S. 51-67.

Das Konzept der schwachen Signale hilft dabei, die Einseitigkeit der klassischen Entscheidungstheorie, die von wohldefinierten Informationen ausgeht, zu überwinden.[58] Der Begriff „schwaches Signal" impliziert schlechtdefinierte Informationen, die nicht eindeutig zu interpretieren sind. Meist werden erst dann Entscheidungen getroffen, wenn derartige Signale eindeutig interpretiert werden können.[59] Das Konzept der schwachen Signale dagegen ermöglicht Unternehmen, auf nicht eindeutig definierte Informationen mit einer abgestuften Reaktion zu antworten, das heißt, strategische Entscheidungen auf der Grundlage der verfügbaren Informationen zu treffen.[60] Dies hat zwar bei anfangs nur vagen Informationen lediglich ungezielte Reaktionen zur Folge, die jedoch mit sich konkretisierendem Informationsgehalt immer gezielter werden.[61] Durch diese Verhaltensweise gelingt es, die Ungewißheit gegenüber der Umwelt zu reduzieren und dadurch einen größeren Zeithorizont für entsprechende Reaktionen zu gewinnen.

Es ist offensichtlich, daß die Effizienz dieses Frühaufklärungssystems – im Gegensatz zu den Frühaufklärungssystemen der ersten und zweiten Generation – auf der Phantasie, dem Können und der Erfahrung der Mitarbeiter basiert, deren Aufgabe darin besteht, im Sinne dieses Systems verstärkt auf strategische Überraschungen in ihrem jeweiligen Bereich zu achten. Aus diesem Grund besteht die Notwendigkeit, innerhalb des Unternehmens eine hohe Problemsensibilisierung bzw. Empfangssensibilität zu entwickeln, die jedoch nicht in Überreaktion oder „Alarmneurosen" münden darf.

Die schwerpunktmäßig in den 70er und 80er Jahren veröffentlichten Arbeiten über Frühaufklärungssysteme mündeten schließlich in der Erkenntnis, daß in der Regel eine systematische Koppelung ausgewählter Elemente der zweiten und dritten Generation als beste Lösung für ein strategisches Frühaufklärungssystem verstanden werden kann.[62] Dies resultiert daraus, daß

---

[58] Vgl. *Werner Kirsch* und *Walter Trux*: Strategische Frühaufklärung, in: Werner Kirsch und Peter Roventa (Hrsg.): Bausteine eines strategischen Managements, Berlin 1983, S. 227.

[59] Vgl. *Werner Kirsch* und *Walter Trux*: Strategische Frühaufklärung und Portfolio-Analyse, S. 53.

[60] Das heißt Signale werden bereits dann erfaßt, wenn sie nur zu einem vagen Gefühl der Gelegenheit oder Bedrohung Anlaß geben. Ansoff kombiniert dabei verschiedene Reaktionsstrategien (von Beobachtung der Umwelt bis direkte Aktion) mit verschiedenen Graden der Ungewißheit (vom Gefühl der Chance/Bedrohung bis zum konkreten Ergebnis). Vgl. *H. Igor Ansoff*: Managing Surprise and Discontinuity, S. 133 ff.

[61] Ansoff bezeichnet dies als „amplification and response to weak signals". Vgl. *H. Igor Ansoff*: Managing Surprise and Discontinuity, S. 133.

[62] Vgl. unter anderem *Dietger Hahn* und *Walter Klausmann*: Frühwarnsysteme und strategische Unternehmensplanung, in: Dietger Hahn und Bernard Taylor (Hrsg.): Strategische Unternehmensplanung, 2. Auflage, Würzburg 1983, S. 250 ff.

sowohl die Erfassung bzw. die Identifikation einer strategischen Überraschung als auch die Untersuchung der Entwicklung von Diskontinuitäten für ein Unternehmen von Bedeutung ist. Wenn eine Diskontinuität bereits über einen Indikator verfolgt werden kann, verkürzt sich der Zeithorizont des Unternehmens für entsprechende Reaktionen. Die alleinige Erkenntnis jedoch, daß eine Diskontinuität bevorsteht, ohne die Ursachen und Hintergründe hierfür zu erkennen, ist für das Unternehmen ohne Nutzen.

In den folgenden Ausführungen zur Entwicklung eines ökologieorientierten Frühaufklärungssystems werden ebenfalls Elemente der zweiten und dritten Generation miteinander gekoppelt.

II. Informationen aus Umwelt- und Unternehmensanalyse im Ökologieportfolio

Unter den methodischen Ansätzen zur Formulierung von Strategien dominiert die Portfolio-Analyse.[63] Da Investitionsentscheidungen für ökologieorientierte Produkt- und Prozeßinnovationen ebenfalls strategische Entscheidungen darstellen, wird das Konzept der Portfolio-Analyse auch für vorliegende Aufgabenstellung herangezogen. Aufgabe des noch darzustellenden Ökologieportfolios besteht darin, erste Hinweise auf zukünftige Chancen für erfolgreiche ökologieorientierte Produkt- bzw. Prozeßinnovationen aufzuzeigen und damit zu einem Frühindikator zu avancieren.[64]

Die Portfolio-Technik verdichtet und verzahnt Informationen aus der Umwelt- und Unternehmensanalyse. Auf einer hochaggregierten Ebene wird die strategische Position des Unternehmens visualisiert. Die Grundidee der Portfolio-Methode besteht in einer Gegenüberstellung von unternehmensexternen zukünftigen Chancen/Risiken (Dominanz der Marktperspektive) und unternehmensinternen heutigen Stärken/Schwächen (Stellung im Wettbewerb). Daraus entsteht ein meist zweidimensionales Koordinatensystem, in dem generalisierte Typen strategischer Positionen unterschieden werden. In

---

63 Homburg bezeichnet die Portfolio-Methode als „das Standard-Instrument zur Strategieformulierung" und begründet dies damit, daß anerkannte Lehrbücher zur strategischen Planung Portfolio-Ansätze in den Mittelpunkt ihrer Ausführungen stellen. Als Beispiel nennt er unter anderem Dunst, der sein Werk über die Konzeption für strategische Unternehmensplanung mit „Portfolio-Management" betitelt. Vgl. *Christian Homburg*: Strategieformulierung mit Hilfe von SPACE, in: Zeitschrift für Planung, 1. Jg. (1990), S. 51, sowie *Klaus H. Dunst*: Portfolio-Management: Konzeption für die strategische Unternehmensplanung, 2., verbesserte Auflage, New York 1983.

64 Eine Übersicht über die bisher in der Literatur betrachteten Ökologieportfolios vermittelt *Ralf Seisreiner*: Das Corporate-Ecological-Performance-Modell zur Unterstützung einer umweltorientierten Unternehmensführung, Berlin 1999, S. 234 ff.

diesem Koordinatensystem werden die strategischen Geschäftseinheiten positioniert.[65] Aus deren jeweiligen Position in der Portfolio-Matrix ergeben sich strategische Handlungskonsequenzen, sogenannte Normstrategien.[66]

Ein methodischer Mangel gängiger Portfolio-Ansätze liegt in deren Zweidimensionalität. Während die Marktattraktivität und die Wettbewerbsposition der strategischen Geschäftseinheit Bestandteil der meisten gängigen Portfolios sind, tritt der Faktor „Finanzielle Position des Unternehmens bzw. der strategischen Geschäftseinheit" in der Regel nicht auf.[67] Eine Vielzahl an Portfolio-Ansätzen gibt daher Strategieempfehlungen, ohne zu berücksichtigen, ob zur Realisierung dieser Strategien auch entsprechende finanzielle Ressourcen vorhanden sind.

Vor allem bei aggressiven, kostenintensiven Strategien – wie im vorliegenden Fall die Investition in ökologieorientierte Produkt- bzw. Prozeßinnovationen – ist der Aspekt der finanziellen Position von besonderer Bedeutung. Wird dieser Aspekt vernachlässigt, können dem Unternehmen erhebliche Schwierigkeiten entstehen. Die Finanzkraft eines Unternehmens ist die Voraussetzung zur Realisierung aller anderen Potentiale im Unternehmen. Ist die finanzielle Position eines Unternehmens ungünstig, kann dies unter Umständen das Ende einer Ressourcentransformation bedeuten.[68] Insbesondere vor dem Hintergrund der immer teuerer werdenden Entwicklungszyklen und der dabei immer kürzer werdenden Marktzyklen erlangt die Finanzkraft eines Unternehmens besondere Bedeutung.[69]

Das für vorliegende Aufgabenstellung entwickelte Ökologieportfolio leitet seine Strategieempfehlungen daher aus drei Dimensionen ab: aus der Ökologieattraktivität der jeweiligen strategischen Geschäftseinheit, aus dem

---

[65] Nach Albach ist eine strategische Geschäftseinheit „...eine organisatorische Einheit, die für ein strategisches Geschäftsfeld bzw. für eine strategische Geschäftsfeld-Ressourcen-Kombination verantwortlich ist. Sie trifft ihre Entscheidungen weitgehend selbständig und ist in ihrer inneren Struktur am Wettbewerber ausgerichtet." *Horst Albach*: Strategische Unternehmensplanung bei erhöhter Unsicherheit, in: Zeitschrift für Betriebswirtschaft, 48. Jg. (1978), S. 712 f.

[66] Normstrategien dienen als „Anhaltspunkte für die Strategieentwicklung" bzw. zur „Ressourcenzuweisung". Vgl. *Heymo Böhler*: Portfolio-Analysetechniken, in: Norbert Szyperski (Hrsg.): Enzyklopädie der Betriebswirtschaftslehre, Bd. 9: Handwörterbuch der Planung, Stuttgart 1989, Sp. 1551.

[67] Homburg bemängelt darüber hinaus, daß auch die Marktstabilität in den meisten Portfolios nicht berücksichtigt wird. Durch die Einbeziehung der Marktstabilität wird die Beurteilung eines Marktes relativiert, wenn er zwar attraktiv, jedoch stark umkämpft und damit weniger stabil ist. Vgl. *Christian Homburg*: Strategieformulierung mit Hilfe von SPACE, S. 54.

[68] Vgl. *Georg Schreyögg*: Unternehmungsstrategie. Grundfragen einer Theorie strategischer Unternehmensführung, Berlin / New York 1984, S. 112.

[69] Vgl. zum Problem der verkürzten Marktzyklen gegenüber verlängerten Entwicklungszyklen auch *Peter Milling*: Forschung und Innovation in der Industrie, S. 67.

ökologiebezogenen Unternehmenspotential und aus der Finanzkraft des untersuchten Unternehmens.

Je mehr eine Unternehmung die Forderungen bzw. Bedürfnisse nach Ökologieattraktivität einer strategischen Geschäftseinheit erfüllen kann, desto mehr Einfluß hat sie gegenüber diesem Element bzw. desto größere Chancen bestehen für erfolgreiche ökologieorientierte Produkt- und Prozeßinnovationen. Die Bewertung der Dimensionen „ökologiebezogenes Unternehmenspotential" und „Finanzkraft" wird im Sinne einer Potentialanalyse vorgenommen. Im Gegensatz zur situationsspezifischen Ausrichtung der Potentialanalyse wird bei den meisten Portfolio-Ansätzen eine wettbewerbsspezifische Ausrichtung – das heißt ein Vergleich der eigenen Ressourcen mit denen der Wettbewerber – vorgenommen. Für die vorliegende Aufgabenstellung besteht jedoch das Ziel darin, die Ressourcen des Unternehmens hinsichtlich ihrer Verfügbarkeit zur Realisierung der Strategie „Investitionen in ökologieorientierte Produkt- und Prozeßinnovationen" zu beurteilen.

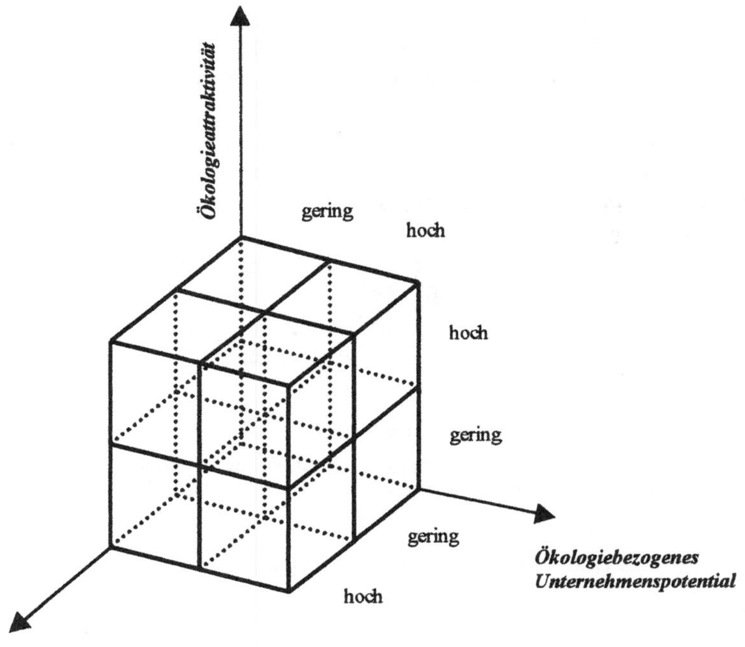

Abb. B-1: Das Ökologieportfolio

Die Dimensionen des in Abbildung B-1 dargestellten Portfolios stellen multidimensionale Hauptachsen dar; die Dimensionen „Ökologieattraktivität", „ökologiebezogenes Unternehmenspotential" und „Finanzkraft" werden durch eine Vielzahl relevanter Faktoren bestimmt. Diese Kriterienklassen bestehen wiederum aus einem Konglomerat an Einzelaspekten. Die Bewertungen dieser drei Dimensionen errechnen sich als gewichtete arithmetische Mittel aus den Bewertungen einzelner Faktoren.[70]

Die Auswahl der Faktoren und Einzelaspekte ist den jeweiligen Gegebenheiten anzupassen und situativ festzulegen. Im allgemeinen werden die Kriterien und ihre Gewichtungen durch Diskussionsrunden der verschiedenen Unternehmensbereiche unter Hinzunahme von externen Experten ermittelt.[71] Unter bestimmten Umständen müssen die strategischen Geschäftseinheiten auch anhand unterschiedlicher Kriterien und Gewichtungen beurteilt werden.[72]

1. Kriterien für Ökologieportfolio-Dimensionen

Die Analyse der Umweltsituation zur Bereitstellung relevanter Informationen hinsichtlich möglicher Chancen für eine erfolgreiche Entwicklung umweltfreundlicher Produkte und Prozesse wird in der Dimension „Ökologieattraktivität" des Ökologieportfolios abgebildet. Ziel ist, die Umweltsituation unter ökologiebezogenen Aspekten zu analysieren und aus den Ergebnissen dieser Analyse Schlußfolgerungen für das eigene Innovationsverhalten abzuleiten. Im Sinne eines ökologisch orientierten Frühaufklärungssystems müssen für diesen Zweck vor allem diejenigen Bereiche eine genauere Beachtung finden, die sich als besonders „umweltsensibel" erweisen bzw. diejenigen, die mit innerbetrieblichen Entscheidungen über ökologieorientierte Produkt- und Prozeßentwicklungen stark korrelieren.

---

70 Dieser Vorgang wird als Amalgamation bezeichnet und beinhaltet das Zusammenfassen „teilweise[n]r widersprüchliche[n]r Wertungen [der Kriterien, Anm. d. Verf.] zu einem Wert der Alternative". *Heinz Strebel*: Zur Gewichtung von Urteilskriterien bei mehrdimensionalen Zielsystemen, in: Zeitschrift für Betriebswirtschaft, 42. Jg. (1972), S. 97.

71 Vgl. auch *Hans Hartmann Hinterhuber*: Strategische Unternehmensführung, Berlin / New York 1977, S. 79 f.

72 Vgl. *Peter Roventa*: Portfolio-Analyse und Strategisches Management. Ein Konzept zur strategischen Chancen- und Risikohandhabung, München 1979, S. 159. Hesse ist hier gegensätzlicher Auffassung. Das Kriterium der unmittelbaren Vergleichbarkeit ist nach Hesse nur dann gegeben, „...wenn auch die Indikatorenbewertung auf der Basis einer einzigen interdisziplinär erarbeiteten Zusammenstellung der Gewichtungsfaktoren und Punktwerte erfolgt." *Ulrike Hesse*: Technologie-Controlling: eine Konzeption zur Steuerung technologischer Innovationen, Frankfurt (Main) 1990, zugl. Univ., Diss., Dortmund 1989, S. 231.

Die Umwelt einer Unternehmung umfaßt eine unendliche Zahl an Faktoren, die Ursache für die Entstehung von Chancen für umweltorientierte Produkte und Prozesse sein können und deren Entwicklung die Unternehmung in Anbetracht der langfristigen Unternehmenssicherung beachten muß. Daher ist es für ein erfolgreiches ökologieorientiertes Innovationsmanagement unumgänglich, sich mit der Unternehmensumwelt auseinanderzusetzen, die einzelnen Komponenten der Unternehmensumwelt und deren Elemente zu erkennen sowie auf die Entwicklung der einzelnen Elemente mit entsprechenden Verhaltensweisen zu reagieren.

Wegen der Vielzahl der für eine umweltorientierte Produkt- und Prozeßentwicklung bedeutsamen Elemente wäre es für eine „totale Absicherung“ dementsprechend angebracht, all diese Faktoren zu beobachten und hinsichtlich ihrer Bedeutsamkeit für ökologieorientierte Produkt- und Prozeßentwicklungen zu prüfen. Dies ist jedoch aus Gründen wie der Komplexität der Umwelt und demgegenüber nur begrenzte Informations- und Beobachtungskapazitäten, der unterschiedlichen Bedeutung der einzelnen Faktoren für umweltorientierte Produkt- und Prozeßinnovationen sowie Kosten-Nutzen-Überlegungen nicht angebracht. Infolgedessen kann nur eine überschaubare Menge an Umweltelementen als Teilmenge in die Analyse einfließen. Diese Teilmenge stellt die für ökologieorientierte Produkt- und Prozeßinnovationen *relevante* Umwelt dar.

Das Problem bei der Selektion der Umweltelemente besteht darin, aus der Vielzahl der Umweltelemente die für eine umweltorientierte Produkt- und Prozeßentwicklung tatsächlich relevanten Elemente herauszufiltern und sie zu relativ homogenen Beobachtungsbereichen bzw. Subsystemen zusammenzufassen.[73] Daß diese Vorgehensweise ein hohes Maß an Subjektivität enthält, versteht sich von selbst. Da keine objektive Auswahl der Elemente gewährleistet ist, besteht darüber hinaus die Gefahr, daß strategisch relevante Faktoren verkannt oder übersehen bzw. ignoriert werden.[74]

Die im folgenden ausgewählten und diskutierten Umweltelemente stellen keine allgemeingültige Lösung dar. Die für ökologieorientierte Produkt- und Prozeßinnovationen relevante Umwelt ist sowohl unternehmungsspezifischen als auch situationsspezifischen Gegebenheiten anzupassen. Es besteht auch durchaus die Möglichkeit, daß sich die in die Analyse einzubeziehenden

---

[73] Für den Prozeß der Systembildung verwendet Mauthe den Begriff der Dekomposition. Vgl. *Karl Dieter Mauthe*: Strategische Analyse, S. 159. Diese Vorgehensweise wird im allgemeinen unter der Bezeichnung „Grenz- und Relevanzproblem“ diskutiert. Vgl. zum Grenz- und Relevanzproblem *Herbert Kubicek* und *Norbert Thom*: Betriebliches Umsystem, Sp. 3983 ff.

[74] In diesem Zusammenhang wird häufig auch von einem Selektionsrisiko gesprochen. Vgl. *Karl Dieter Mauthe*: Strategische Analyse, S. 161.

Elemente je nach strategischer Geschäftseinheit unterschiedlich zusammensetzen. Darüber hinaus bedarf die Dekomposition des Analysefeldes und die Auswahl der relevanten Faktoren aufgrund der Umweltdynamik und der damit einhergehenden Verschiebung der Dominanz einzelner Faktoren einer steten Reflexion und Weiterentwicklung.

In der betriebswirtschaftlichen Literatur sind unterschiedlich tiefe Untergliederungsvorschläge zur Abgrenzung der Unternehmensumwelt in zu analysierende Umweltsegmente zu finden.[75] Jedoch ist es bis heute nicht gelungen, eindeutig normative Konzepte zu entwickeln, mit deren Hilfe die relevante Umwelt einer Unternehmung ermittelt werden kann. Aus diesem Grund ist die Unternehmung auch weiterhin in der Hauptsache auf qualitative Methoden, wie subjektive logische Ableitungen und historische Analogien, angewiesen.[76]

Eine erste Untergliederung der Unternehmensumwelt kann in eine globale Umwelt und eine unternehmensspezifische Aufgabenumwelt vorgenommen werden.[77]

Die globale Umwelt, vielfach auch als generelle oder Makro-Umwelt bezeichnet, umfaßt die allgemeinen Bedingungen, denen Unternehmen gegenüberstehen, und bildet damit den Rahmen, in dem sich die Aktionen der Unternehmungen bewegen. Sie kann durch ein einzelnes Unternehmen nicht beeinflußt werden. Es lassen sich folgende Komponenten der globalen Umwelt zusammenfassen:

- politisch-rechtliche Umwelt,
- physisch-ökologische Umwelt,
- gesellschaftliche Umwelt,
- technologische Umwelt.

Jede Unternehmung wird jedoch im Verlauf ihrer Marktaktivitäten ihr globales Umsystem selbst entdecken und damit eine Art betrieblichen Lernprozeß eingehen.

---

75 Eine Gegenüberstellung verschiedener Ansätze findet sich bei *Rainer Berchthold*: Instrumente zur Umweltanalyse im Rahmen strategischer Unternehmensplanung, Univ., Diss., Augsburg 1985, S. 22-34.

76 Auf diesen Mangel wurde bereits 1980 durch Rieser hingewiesen. Vgl. *Ignaz Rieser*: Frühwarnsysteme für die Unternehmenspraxis, S. 78 f.

77 Vgl. *Hans Raffée* und *Klaus-Peter Wiedmann*: Marketingumwelt 2000: Gesellschaftliche Mega-Trends als Basis einer Neuorientierung von Marketing-Praxis und Marketing-Wissenschaft, in: Christian Schwarz, Frank Sturm und Wolfgang Klose (Hrsg.): Marketing 2000: Perspektiven zwischen Theorie und Praxis, Wiesbaden 1987, S. 186 f.

Im Gegensatz zur globalen Umwelt kann ein Unternehmen seine aufgabenspezifische Umwelt wesentlich stärker beeinflussen, da die aufgabenspezifische Umwelt all diejenigen Elemente umfaßt, die direkte oder indirekte Austauschbeziehungen zur Unternehmung unterhalten und damit einen unmittelbaren Einfluß auf die Zielerreichung im Unternehmen aufweisen.[78]

Zur Unterteilung des aufgabenspezifischen Umsystems in Komponenten wird häufig auf eine hierzu durchgeführte empirische Untersuchung von Dill zurückgegriffen.[79] Nach den Ergebnissen dieser Untersuchung beeinflussen folgende Komponenten die betrieblichen Entscheidungen in industriellen Unternehmen besonders stark:

- Kunden,
- Lieferanten,
- Konkurrenten,
- regulative Gruppen[80].

In den nachfolgenden Ausführungen dieser Arbeit werden jedoch nur die ersten drei Komponenten näher betrachtet, da regulative Gruppen bereits bei der gesellschaftlichen und der politisch-rechtlichen Komponente der globalen Umwelt berücksichtigt sind.

Es bleibt kritisch anzumerken, daß durch eine derartige Untergliederung der Unternehmensumwelt zwar deren Komplexität gemindert, jedoch die Interdependenzen zwischen globaler und aufgabenspezifischer Umwelt sowie die Interdependenzen zwischen den Elementen innerhalb der globalen oder der aufgabenspezifischen Umwelt nicht berücksichtigt werden, was aber gerade für die Entscheidungsfindung der Unternehmung hinsichtlich ökologischer Produkt- und Prozeßinnnovationen äußerst bedeutsam ist. So werden beispielsweise bedrohliche Veränderungen in der physisch-ökologischen Umwelt auch über ein verändertes Nachfrageverhalten der Kunden an die Unternehmen herangetragen.

---

[78] Vgl. zur Definition der aufgabenspezifischen Umwelt unter anderem *Herbert Kubicek* und *Norbert Thom*: Betriebliches Umsystem, Sp. 3992.

[79] Vgl. *Herbert Kubicek* und *Norbert Thom*: Betriebliches Umsystem, Sp. 3992, die sich in ihren Ausführungen orientieren an *William R. Dill*: Environment as an Influence on Managerial Autonomy, in: ASQ, Vol. 4 (1958), S. 409-443.

[80] Zu den regulativen Gruppen zählt Dill unter anderem Behörden, Gewerkschaften und Wirtschaftsverbände.

Im folgenden werden die einzelnen Komponenten der globalen und aufgabenspezifischen Umwelt näher betrachtet und die für ökologieorientierte Produkt- und Prozeßinnovationen relevanten Kriterien der einzelnen Komponenten sowie ihre Bedeutung für die vorliegende Aufgabenstellung diskutiert.

Untersuchungen der *politisch-rechtlichen Umwelt* dienen in erster Linie dazu zu prüfen, inwieweit die im Ökologieportfolio zu positionierende strategische Geschäftseinheit zukünftigen Entwicklungen in der Umweltschutzgesetzgebung gerecht wird.

Informationen über Gesetzesvorbereitungen bzw. über strengere Umweltschutzauflagen können auf spätere Kostenschübe hinweisen.[81] Das rechtzeitige Erkennen und Abschätzen der Entwicklung von Änderungen im Umweltrecht ermöglicht es, Anpassungsmaßnahmen in der Fertigung oder im Produktbereich ohne Zeitdruck und damit langfristig kostengünstiger und ökologisch wirkungsvoller realisieren zu können. Darüber hinaus wird verhindert, daß das Unternehmen in Zeiten schlechter wirtschaftlicher Rahmenbedingungen finanzielle Mittel in Umweltschutzanlagen statt in die Produkt- und Marktentwicklung bindet.[82] Die Chancen für erfolgreiche ökologieorientierte Produkt- und Prozeßinnovationen liegen um so höher, je besser die strategische Geschäftseinheit zukünftigen Entwicklungen in der Umweltschutzgesetzgebung gerecht wird.

Zur Früherkennung zukünftiger, für eine bestimmte strategische Geschäftseinheit relevanten Änderungen im Umweltrecht ist es von Bedeutung, den politischen Stellenwert des Umweltschutzes zu erfassen. Hierzu kann das von Arcelus/Schaefer vorgeschlagene Fünf-Phasen-Schema der Entwicklung öffentlicher Themen zu Gesetzen herangezogen werden, das davon ausgeht, daß die Entwicklung öffentlicher Themen von der ersten öffentlichen Aufmerksamkeit bis zum Inkrafttreten neuer Gesetze in Phasen aufgeteilt werden kann.

---

[81] Vgl. *Walter Klausmann*: Betriebliche Frühwarnsysteme im Wandel, S. 43.

[82] Vgl. *Heribert Meffert, Manfred Bruhn, Frank Schubert* und *Thomas Walther*: Marketing und Ökologie: Chancen und Risiken umweltorientierter Absatzstrategien der Unternehmungen, in: Die Betriebswirtschaft, 46. Jg. (1986), S. 145.

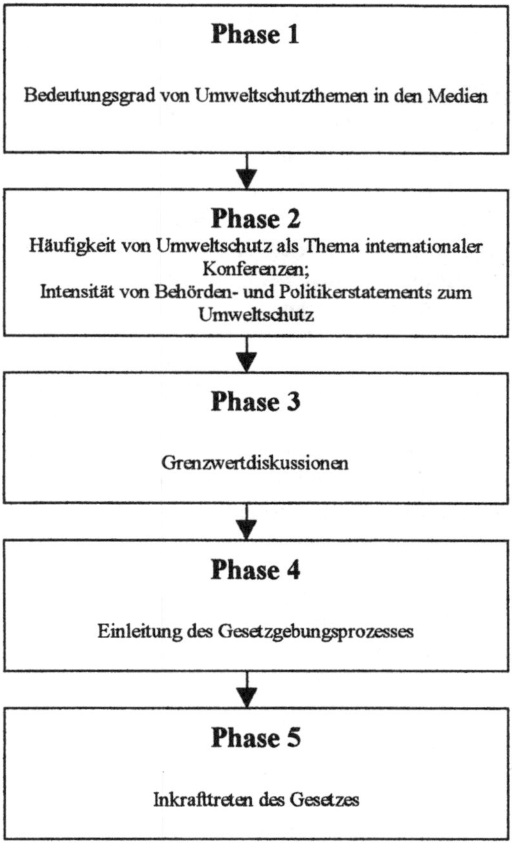

Abb. B-2: Fünf-Phasen-Schema der Entwicklung öffentlicher Themen[83]

Aus Phase 1 des in Abbildung B-2 dargestellten Schematas lassen sich nur schwache Signale wie „Bedeutungsgrad von Umweltschutzthemen in den Medien“ ableiten. In Phase 2 dagegen können die „Häufigkeit von Umweltschutz als Thema internationaler Konferenzen“ sowie „die Intensität von Behörden und Politikerstatements zum Umweltschutz“ schon deutlichere Signale sein, die sich in Phase 3 durch „Grenzwertdiskussionen“ weiter

[83] In Anlehnung an *Ulrich Krystek* und *Ingo Behrendt*: Früherkennung ökologisch orientierter Chancen und Bedrohungen (Teil 2), in: Forschungsinformationsdienst ökologisch orientierte Betriebswirtschaftslehre, 3. Jg. (1992), 13. Ausgabe Januar/Februar 1992, S. 11, sowie *Francisco J. Arcelus* und *Norbert V. Schaefer*: Social Demands as Strategic Issues: Some Conceptual Problems, in: Strategic Management Journal, Vol. 3 (1982), S. 350 f.

konkretisieren. Zu diesem Zeitpunkt kann durch eine eigenverantwortliche Lösung seitens der Industrie einem Gesetzeserlaß zuvorgekommen werden.[84]

Die *physisch-ökologische Umwelt* umfaßt die Natur als ein komplexes System aus Lebewesen, irdischer Atmosphäre (Luft), Hydrosphäre (Gewässer) und Lithosphäre (Boden). Die Natur wird durch das Wirken industrieller Unternehmen in zweierlei Hinsicht negativ beeinflußt. Zum einen werden aus dem System natürliche Rohstoffe, die in den Herstellungsprozeß einfließen, entnommen. Zum anderen werden die bei Herstellung, Gebrauch und Entsorgung der Produkte entstehenden Emissionen von der physisch-ökologischen Umwelt aufgenommen.

Im Rahmen der Analyse der physisch-ökologischen Umwelt müssen insbesondere Informationen über die Belastung der Umweltmedien Boden, Wasser und Luft sowie über den Beitrag einer strategischen Geschäftseinheit zu diesen Belastungen bereitgestellt werden. Hierzu kann auf Umweltstatistiken zurückgegriffen werden, die Basisdaten zur Beurteilung der durch einzelne Branchen verursachten ökologischen Belastungen und deren Veränderungen liefern.

Zur Früherkennung zukünftiger, für eine bestimmte strategische Geschäftseinheit relevanten Entwicklungen in der physisch-ökologischen Umwelt ist auch die Erfassung der Ressourcenbeanspruchung dieser Geschäftseinheit von Bedeutung. Diesbezüglich sind insbesondere Informationen über den Zeitraum der Verfügbarkeit natürlicher Ressourcen einzuholen. Hierzu können Verknappungsprognosen, Berichte über neue Explorationsmethoden sowie Energiepreisentwicklungen herangezogen werden.

Im Rahmen der Analyse der physisch-ökologischen Umwelt sind jedoch neben Untersuchungen über die Belastung der Umweltmedien sowie über die Verfügbarkeit natürlicher Rohstoffe auch die innerhalb der Öffentlichkeit besonders interessierenden Themen „Waldsterben" und „Schädigung von Mensch und Tier" von Bedeutung.

Die Chancen für erfolgreiche ökologieorientierte Produkt- und Prozeßinnovationen steigen um so mehr, je geringer die durch die zu beurteilende strategische Geschäftseinheit verursachte Belastung der Umweltmedien Boden, Wasser und Luft, je größer der Zeitraum der Verfügbarkeit der zur Herstellung dieser Geschäftseinheit erforderlichen Rohstoffe und je geringer ihr Beitrag zum Waldsterben bzw. zur Schädigung von Mensch und Tier.

---

[84] Als Beispiel hierfür sei die Altauto-Verordnung (AltautoV) genannt. Bei der Konkretisierung der Produktverantwortung für Altautos wird der Selbstverpflichtung der Wirtschaft Vorrang eingeräumt. Von der Regierung wurde jedoch die AltautoV vorbereitet, falls eine eigenverantwortliche Lösung scheitert.

Ökologische Probleme werden seit einigen Jahren innerhalb der *gesellschaftlichen Umwelt* verstärkt wahrgenommen und haben in öffentlichen Diskussionen einen hohen Stellenwert erreicht. Insbesondere Veröffentlichungen des Club of Rome über die Grenzen des Wachstums haben dazu beigetragen, das Bewußtsein über die Grenzen der ökologischen Belastbarkeit zu schärfen. Die Industrie wird dabei als Hauptverursacher der Umweltbelastung betrachtet.

Je nach Grad des Umweltbewußtseins und Grad der Betroffenheit entstehen innerhalb der Bevölkerung ökologische Anspruchsgruppen wie zum Beispiel die Anwohner am Produktionsstandort eines Unternehmens, private Interessenverbände, Forschungsinstitute sowie Verbraucherorganisationen, die ihre umweltbezogenen Forderungen an das Unternehmen herantragen.[85] Mit zunehmender Konkretisierung der öffentlichen Anliegen nimmt der Handlungsspielraum für unternehmensbezogene Entscheidungen ab. Gelingt es der Unternehmung jedoch, die für die Beurteilung einer strategischen Geschäftseinheit relevanten ökologischen Anspruchsgruppen zu identifizieren und die Entwicklung ihrer Ansprüche zu verfolgen, kann durch frühzeitige Verhaltensänderungen seitens des Unternehmens politisch-administrativen Regelungen vorgebeugt werden.

Je geringer der Grad der Betroffenheit und des Umweltbewußtseins in der Bevölkerung hinsichtlich der zu beurteilenden strategischen Geschäftseinheit ist und je leichter das Unternehmen die Ansprüche der relevanten ökologischen Anspruchsgruppen erfüllen kann, desto erfolgreicher sind ökologieorientierte Produkt- und Prozeßinnovationen.

Im Rahmen der Analyse der *technologischen Umwelt* sind primär Entwicklungen im Bereich der Umweltschutztechnologien für die Beurteilung einer strategischen Geschäftseinheit hinsichtlich ihrer Ökologieattraktivität von Bedeutung. In diesem Zusammenhang ist insbesondere zu untersuchen, ob die sich herauskristallisierenden Entwicklungen im Bereich der Umweltschutztechnologien auch für die zu beurteilende Geschäftseinheit eingesetzt werden können oder ob ein Einsatz dieser Technologien bei der bisherigen Fertigungs- und Produktstruktur nicht möglich ist.

Für den Bereich der Fertigung ist diesbezüglich vor allem zu untersuchen, inwieweit integrierte Umweltschutztechnologien eventuell bereits in der Fertigung etablierte additive Umweltschutztechnologien ersetzen können. Bei additiven Umweltschutztechnologien werden bestehende Prozeßabläufe „...um

---

85 Zum Phänomen der ökologischen Anspruchsgruppen vgl. *Heribert Meffert* und *Manfred Kirchgeorg*: Marktorientiertes Umweltmanagement: Grundlagen und Fallstudien, 2., überarbeitete und erweiterte Auflage, S. 75 ff.

eine Technologie ergänzt, deren Zweck die nachträgliche Minderung bereits entstandener Umweltbelastungen ist."[86] In der Regel können derartige Technologien ohne größere Anpassungsmaßnahmen in den Produktionsprozeß einfließen. Anders verhält es sich dagegen bei integrierten Umweltschutztechnologien, „...bei deren Einsatz Umweltbelastungen entweder gar nicht oder nur in erheblich geringerem Ausmaß gegenüber traditionellen Produktionstechnologien..." entstehen.[87] Die Einbindung integrierter Umweltschutztechnologien in den Produktionsprozeß der zu beurteilenden strategischen Geschäftseinheit erfordert unter Umständen eine völlige Neukonzipierung des Fertigungsprozesses. Je problemloser integrierte Umweltschutztechnologien in die Fertigung eingebunden werden können, desto höher ist die Ökologieattraktivität der strategischen Geschäftseinheit.

Im Rahmen der Analyse der technologischen Umwelt sind insbesondere auch Entwicklungen im Recyclingbereich für die Beurteilung der Ökologieattraktivät einer Geschäftseinheit von Bedeutung. In diesem Zusammenhang ist zu untersuchen, ob die bisherige Produktstruktur den Einsatz von Recyclingtechniken erlaubt oder ob die Voraussetzungen für ein Recycling nicht gegeben sind. Auch in diesem Fall ist die Ökologieattraktivität einer strategischen Geschäftseinheit um so höher, je problemloser neue Recyclingtechniken angewendet werden können.

Im Zusammenhang mit der Komponente *„Lieferanten"* müssen sowohl Lieferanten von Material und Betriebsmitteln als auch Lieferanten von Finanzmitteln und Arbeitskraft hinsichtlich der Positionierung einer strategischen Geschäftseinheit im Ökologieportfolio untersucht werden.

Banken als Lieferanten von Finanzmitteln erkennen immer stärker, daß Umweltrisiken ihrer Kreditkunden auch Auswirkungen auf die eigene Ergebnisrechnung haben, denn das Kreditrisiko der Banken hängt zunehmend auch vom ökologischen Verhalten ihrer Kreditkunden ab. Mit einem Forderungsausfall muß unter anderem dann gerechnet werden, wenn das wachsende Umweltbewußtsein der Bevölkerung einen Umsatzrückgang bei Kreditkunden verursacht oder wenn Produktionsstätten infolge staatlicher Auflagen stillgelegt werden.

Das Besicherungsrisiko kann besonders deutlich am Beispiel von Grundpfandrechten an Grundstücken dargestellt werden. Kontaminierte Grundstücke sind für eine Bank als Sicherheit wertlos. Schlimmstenfalls wird die Bank, wenn sie Eigentümerin dieses Grundstücks ist, zu dessen Dekontaminierung verpflichtet. Ein Kreditinstitut, das beabsichtigt, für ein Darlehen an ein

---

[86] *Heribert Meffert* und *Manfred Kirchgeorg*: Marktorientiertes Umweltmanagement, S. 71 f.

[87] *ebenda*, S. 73.

Unternehmen von diesem ein Grundpfandrecht an einem Grundstück zu bestellen, wird daher zunächst prüfen, ob das Grundstück frei von Altlasten ist. Eine Altlast drückt die Beleihungsgrenze des Grundstückes.[88] Darüber hinaus leidet das Image des Kreditinstituts, wenn es geschäftliche Beziehungen zu Kunden unterhält, die aufgrund umweltgefährdender Handlungen in der öffentlichen Kritik stehen.

Aus diesem Grund müssen Unternehmen damit rechnen, daß ihre Umweltrisiken im Zuge von Kreditwürdigkeitsprüfungen in Zukunft nicht unberücksichtigt bleiben. Derartige Risiken können über ein Umwelt-Audit vor Kreditabschluß und während der Laufzeit sowie durch Checklisten oder Kreditratings einbezogen werden. Die Prüfung der Kreditwürdigkeit hinsichtlich der Umweltrisiken eines Kunden setzt jedoch voraus, daß das umwelttechnische Know-how der Banken zunimmt. Das Ergebnis der Kreditwürdigkeitsprüfung wird je nach umwelttechnischem Know-how von Bank zu Bank verschieden sein. Natürlich wird in diesem Zusammenhang auch der Kundenstatus eine Rolle spielen.[89]

Ökologieorientierte Produkt- und Prozeßinnovationen sind um so erfolgreicher, je besser die strategische Geschäftseinheit bzw. das Gesamtunternehmen die Anforderungen der Banken an Umweltunbedenklichkeit bei der Kreditwürdigkeitsprüfung erfüllen.

Auch bei der Suche nach qualifizierten Mitarbeitern werden Unternehmen zunehmend mit steigendem Ökologiebewußtsein konfrontiert. Junge Akademiker wenden sich verstärkt zu umweltorientierten Unternehmen hin, da hier die Arbeitsplätze langfristig sicherer erscheinen. Umweltsensible Mitarbeiter, die das Gefühl haben, Umweltschutz werde im Unternehmen nicht praktiziert, geraten in Loyalitätskonflikte bis hin zur inneren Kündigung, was sich negativ auf Motivation und Leistungsbereitschaft auswirkt. Dagegen können sich Umweltengagements von Unternehmen positiv auf Motivation und Leistungsbereitschaft der Mitarbeiter auswirken. Je stärker die strategische Geschäftseinheit bzw. das Gesamtunternehmen mit dem Ökologiebewußtsein der Mitarbeiter übereinstimmt, desto größer sind auch die Chancen für ökologieorientierte Innovationen.

Allein schon wegen der stark verflochtenen arbeitsteiligen Industriewelt und der Just-in-Time-Fertigung sowie der daraus resultierenden Abhängigkeit

---

[88] Vgl. *o.V.*: Die unbekannte Dimension: die Risiken des Umweltschutzes, in: Top Business, Juli 1994, S. 23.

[89] Unter Kundenstatus wird in diesem Zusammenhang die Beziehung zwischen Kunde und Bank – bestimmt durch das Vertrauen der Bank in den Kunden aufgrund langjähriger Geschäftsbeziehungen – verstanden.

von der pünktlichen Lieferung ihrer Zulieferer, sind weiterverarbeitende Unternehmen dazu gezwungen, von Lieferanten zu beziehen, die nicht durch ihr Umweltverhalten in Lieferschwierigkeiten geraten können.[90]

Allerdings liegt hier eine wechselseitige Abhängigkeit vor, denn zunehmend sind auch Zulieferer aus Imagegründen sowie aus Gründen der eigenen langfristigen Existenzsicherung daran interessiert, bevorzugt umweltorientierte Unternehmen zu beliefern. Lieferanten unterliegen darüber hinaus den gleichen Zwängen wie ihre Abnehmer, Produktionsprozesse und Produkte umweltverträglich zu gestalten. Häufig werden sie jedoch durch die eingefahrenen Standards ihrer Abnehmer daran gehindert. Dadurch können leicht Konflikte zwischen dem weniger umweltbewußten Abnehmer und seinem Lieferanten entstehen, was unter Umständen auch zur Aufhebung der Geschäftsbeziehung führt. Eine Veränderung der Produktpalette der Lieferanten hin zu umweltfreundlichen Produkten läßt auch erkennen, daß Mitbewerber die Lieferung umweltfreundlicher Produkte fordern.

Die Bedeutung der Lieferanten von Material und Betriebsmitteln für die Beurteilung der Ökologieattraktivität einer strategischen Geschäftseinheit mündet jedoch nicht allein im Umweltverhalten der Lieferanten, sondern resultiert insbesondere auch aus der Abhängigkeit der Unternehmung von der Verfügbarkeit umweltorientierter Rohstoffe oder Vorprodukte und Fertigungsverfahren.

Die Früherkennung von Änderungen hinsichtlich der „Umweltzufriedenheit" der *Kunden* eröffnet die Möglichkeit, Umweltschutzmaßnahmen dort anzusetzen, wo sie mit ökonomischen Zielen in Einklang zu bringen sind. Hier sind vor allem Verbraucherabteilungen gefordert, deren Aufgabe es ist, „das Ohr am Kunden" zu haben und schwache Signale für eine verstärkte ökologische Sensibilisierung der Verbraucher aufzunehmen. Auswertungen von dort geäußerten Verbrauchermeinungen verhelfen zu Hinweisen auf die „Umweltzufriedenheit" der Kunden mit der strategischen Geschäftseinheit.

Auch aus der Analyse verbraucherpolitischer Berichte, ökologischer Warentests und der Forderungen von Verbraucherverbänden sind schwache Signale aufzuspüren. Für den Investitionsgüterbereich bietet sich insbesondere eine umfassende Auswertung von Besuchsberichten und regelmäßigen Zusammenkünften des Außendienstes an.

Geeignete Kriterien der Umweltkomponente „Kunden" zur Beurteilung der Ökologieattraktivität ist der Grad der Übereinstimmung mit dem Ökologie-

---

[90] Vgl. *Georg Winter*: Das umweltbewußte Unternehmen: Handbuch der Betriebsökologie mit 28 Check-Listen für die Praxis, 5., völlig überarbeitete und ergänzte Auflage, München 1993, S. 46.

bewußtsein der Kunden sowie die finanzielle Opferbereitschaft der Kunden für ökologieorientierte Produkte.

Die Ökologieattraktivität einer strategischen Geschäftseinheit wird auch durch das ökologieorientierte Verhalten der *Konkurrenten* determiniert. Ist eine Unternehmung nicht gewillt, Marktanteilsverluste hinzunehmen, muß das eigene Umweltverhalten dem der Konkurrenz angepaßt werden. Werden von der Konkurrenz ökologische Marktchancen schneller umgesetzt, können sich nachziehende Unternehmen unter Umständen Markteintrittsbarrieren gegenübersehen. Dies ist unter anderem dann der Fall, wenn die ökologischen Produktverbesserungen der Konkurrenz patentrechtlich abgesichert sind, ein nicht kurzfristig aufholbarer Wissensvorsprung besteht oder der für die Entwicklung umweltorientierter Produkte sowie der für die Umstellung im Produktionsbereich notwendige Kapitalbedarf nicht aufgebracht werden kann.[91]

Erste Hinweise auf eine verstärkte Ökologieorientierung der Konkurrenz geben eine Veränderung der Werbebotschaft hin zu ökologischen Themen bzw. die Ansprache umweltbewußter Konsumenten, erhöhte Umweltschutzinvestitionen, Informationen über ökologische Änderungen der Produkt- und Verfahrenstechnologien sowie die Integration des Umweltschutzes in das Unternehmensleitbild.

Abbildung B-3 zeigt zur besseren Nachvollziehbarkeit den Aufbau der relevanten Kriterien in Form einer Kennzahlensystematik.

---

[91] Vgl. *Heribert Meffert, Manfred Bruhn, Frank Schubert* und *Thomas Walther*: Marketing und Ökologie, S. 150 f.

- Ökologieattraktivität
  - Politisch-rechtliche Komponenten
    - Erfüllungsgrad zukünftiger Entwicklungen in der Umweltschutzgesetzgebung
    - Bedeutungsgrad von Umweltschutzthemen in den Medien
    - Häufigkeit von Umweltschutz als Thema internationaler Konferenzen
    - Intensität von Behörden- und Politikerstatements zum Umweltschutz
    - Grad der Betroffenheit von Grenzwertdiskussionen
  - Physisch-ökologische Komponenten
    - Belastung der Umweltmedien Boden, Wasser und Luft
    - Verfügbarkeit natürlicher Rohstoffe
    - Beitrag der strategischen Geschäftseinheit zum Waldsterben
    - Beitrag der strategischen Geschäftseinheit zur Schädigung von Mensch und Tier
  - Gesellschaftliche Komponenten
    - Grad der Betroffenheit und des Umweltbewußtseins der Bevölkerung
    - Erfüllungsgrad der Ansprüche ökologischer Anspruchsgruppen
  - Technologische Komponenten
    - Möglichkeit der Einbindung integrierter Umweltschutztechnologien in die Fertigung
    - Möglichkeit der Anwendung neuer Recyclingtechnologien
  - Beschaffungs-märkte
    - Arbeitsmarkt
      - Übereinstimmung mit dem Ökologiebewußtsein potentieller Mitarbeiter
    - Finanzmarkt
      - Erfüllungsgrad der Anforderungen an Umweltunbedenklichkeit bei der Kreditwürdigkeitsprüfung
    - Material und Betriebsmittel
      - Übereinstimmung mit dem Ökologiebewußtsein der Zulieferer
      - Verfügbarkeit notwendiger umweltfreundlicher Rohstoffe und Vorprodukte
  - Kunden
    - Finanzielle Opferbereitschaft für umweltfreundliche Produkte
    - Übereinstimmung mit dem Ökologiebewußtsein der Kunden
  - Konkurrenten
    - Erhöhte Umweltschutzinvestitionen
    - Stellung des Umweltschutzes im Unternehmensleitbild
    - Ökologieorientierte Änderungen der Produkt-/bzw. Prozeßtechnologien
    - Ökologieorientierte Werbeaktivitäten

Abb. B-3: Kriterien der Ökologieattraktivität

Die Analyse der Unternehmung zur Bereitstellung relevanter Informationen hinsichtlich möglicher Chancen für eine erfolgreiche Entwicklung umweltfreundlicher Produkte bzw. Prozesse wird in der Dimension „ökologiebezogenes Unternehmenspotential" des Ökologieportfolios abgebildet. Ziel der Unternehmensanalyse besteht darin, ein Bild der aktuellen und potentiellen bzw. zukünftigen Ressourcen aufzuzeigen. Analog zur Dimension „Ökologieattraktivität" müssen auch Kriterien für die Dimension „ökologiebezogenes Unternehmenspotential" der Unternehmung selektiert werden.

Entgegen der herkömmlichen Portfolio-Methode, in der meist eine einfache Stärken-Schwächenanalyse durchgeführt wird, die eine Bewertung der Ressourcen eines Unternehmens im Vergleich zu den wichtigsten Konkurrenten zum Ziel hat, wird für vorliegende Aufgabenstellung das Prinzip der Potentialanalyse präferiert. Bei diesem Verfahren werden einzelne Unternehmensbereiche unter dem Aspekt ihrer Eignung zur Bewältigung ökologischer Herausforderungen analysiert und bewertet.[92] Entscheidend ist für vorliegende Aufgabenstellung nicht, ob das Unternehmen zum Beispiel ein auf bestimmten Gebieten hoch qualifiziertes Personal vorweisen kann, sondern ob die Art der Mitarbeiterqualifikation zur Bewältigung ökologiebezogener Problemstellungen geeignet ist. Die erkannten Stärken bzw. Schwächen sind damit relative Größen, die sich darauf beziehen, inwieweit ökologische Herausforderungen bewältigt werden können.

Die Potentialanalyse als Instrument zur Beurteilung der im Unternehmen vorhandenen Ressourcen darf sich dabei nicht nur auf das Forschungs- und Entwicklungspotential eines Unternehmens beschränken, was ohne Zweifel die wichtigste Potentialsphäre für umweltorientierte Innovationen ist. Um das ökologiebezogene Unternehmenspotential zu ermitteln, dürfen auch die Interdependenzen des Forschungs- und Entwicklungsbereichs zu den anderen Bereichen der Unternehmung nicht unbeachtet bleiben. Von Bedeutung ist die Erkenntnis, „daß alle Potentiale im Sinne der Synergetik zusammenwirken."[93]

Im Führungsbereich werden die Voraussetzungen zum Gelingen umweltorientierter Produktentwicklungen geschaffen. In diesem Zusammenhang spielt insbesondere die Aufgeschlossenheit der Unternehmensführung gegenüber ökologischen Neuerungen eine bedeutende Rolle bzw. die Fähigkeit, die Realisierung dieser Neuerungen gegenüber den dabei häufig sowohl innerhalb als auch außerhalb des Unternehmens auftretenden Widerständen durchzusetzen. Dies wird natürlich auch durch die Flexibilität und Kreativität des

---

92 Hierfür eignen sich unter anderem einfache Profildarstellungen.

93 *Hans-Gerd Servatius*: Methodik des strategischen Technologie-Managements: Grundlage für erfolgreiche Innovationen, Berlin 1985, S. 33.

Managements sowie durch das Vermögen, aus Änderungen in der Unternehmensumwelt Absatzchancen zu erkennen, mitbestimmt.

Auch im Marketingbereich liegt ein wichtiges Potential für ökologieorientierte Produktentwicklungen. Für erfolgreiche umweltorientierte Innovationen ist es nicht nur von Bedeutung, ein umweltfreundliches Produkt zu entwickeln, sondern das Unternehmen muß auch die Fähigkeit besitzen, dieses Produkt im Markt entsprechend plazieren zu können. Besondere Bedeutung gewinnt in diesem Zusammenhang eine Kommunikationspolitik, die auch ökologische Aspekte umfaßt. Der Zweck einer ökologieorientierten Kommunikationspolitik besteht darin, „...Produkten, die mit ökologischen Forderungen konfrontiert sind, eine Identität zu verschaffen, die mit ökologischen Grundsätzen vereinbar ist."[94] Dabei spielen sowohl die Marketingkapazität bzw. das Marketingbudget für eine offensive Kommunikationspolitik als auch die ökologiebezogene Aktualität der Marketingpolitik eine Rolle.

Die Umsetzung neuer wissenschaftlicher Erkenntnisse in umweltfreundliche Produkte und Verfahren bildet den Kern ökologieorientierter Innovationen. Aus diesem Grund stellt der Forschungs- und Entwicklungsbereich ohne Zweifel die wichtigste Potentialsphäre für Innovationen dar. Um umweltorientierte Forschung und Entwicklung zu betreiben, müssen die Mitarbeiter nicht nur technisches Know-how, sondern auch ein bestimmtes Maß an ökologischem Know-how aufweisen. Es ist jedoch nicht ausreichend, das notwendige Know-how zur Verfügung zu haben. Ebenso muß ein bestimmtes Niveau bei der sachlichen Ausstattung – beispielsweise entsprechende Geräte etc. – vorhanden sein. Zur Finanzierung von Know-how und sachlicher Ausstattung bedarf es eines angemessenen Forschungs- und Entwicklungsbudgets. Eine effektive F+E-Ablauforganisation sowie ein gut funktionierendes F+E-Berichtssystem ermöglichen es darüber hinaus, den F+E-Prozeß nicht seiner Eigendynamik bzw. dem Zufall zu überlassen, sondern ihn rational zu gestalten.

Zwar stellt der F+E-Bereich die wichtigste Potentialsphäre für umweltorientierte Innovationen dar, jedoch ist die Hauptkomponente bei der Ermittlung des ökologiebezogenen Unternehmenspotentials hinsichtlich einer bestimmten strategischen Geschäftseinheit die zu beurteilende strategische Geschäftseinheit bzw. das Produkt selbst. Insbesondere ist in diesem Zusammenhang zu untersuchen, inwieweit die noch in Abschnitt C dieser Arbeit darzustellenden Ziele der ökologieorientierten Produktentwicklung hinsichtlich geschlossener Stoffkreislaufführung sowie Reduktion negativer ökologischer Auswirkungen der Produkte bzw. Prozesse auf die Umwelt über

---

94 *Heribert Meffert, Manfred Bruhn, Frank Schubert* und *Thomas Walther*: Marketing und Ökologie, S. 155.

den gesamten Lebenszyklus bei der bisherigen Produkt- und Prozeßstruktur bereits erreicht werden bzw. ob sie überhaupt mit dieser Produkt- und Prozeßstruktur erreicht werden können. Das ökologiebezogene Unternehmenspotential zur Bewältigung ökologischer Innovationen bzgl. einer bestimmten strategischen Geschäftseinheit ist um so größer, je leichter umweltorientierte Produktverbesserungen hinsichtlich der genannten Ziele durchgeführt werden können.

Die relevanten Kriterien zur Bestimmung des ökologiebezogenen Unternehmenspotentials einer strategischen Geschäftseinheit werden in Abbildung B-4 in Form einer Kennzahlensystematik dargestellt.

Abb. B-4: Kriterien des ökologiebezogenen Unternehmenspotentials

Gerade eine aggressive, kostenintensive Strategie – wie die Investition in ökologieorientierte Produkt- und/oder Prozeßinnovationen – setzt zur Realisierung dieser Strategie eine bestimmte Finanzkraft voraus. Strategieempfehlungen abzugeben, ohne zu berücksichtigen, ob zur Realisierung dieser Strategien auch entsprechende finanzielle Ressourcen vorhanden sind, kann für das Unternehmen erhebliche Schwierigkeiten zur Folge haben.

Entsprechend der Vorgehensweise bei der Analyse des ökologiebezogenen Unternehmenspotentials wird auch für die Analyse der Finanzkraft eines Unternehmens oder einer strategischen Geschäftseinheit die Potentialanalyse herangezogen. Ziel ist es, die finanziellen Mittel des Unternehmens hinsichtlich ihrer Verfügbarkeit zur Realisierung der Strategie „Investition in ökologieorientierte Produkt- bzw. Prozeßinnovationen" zu beurteilen.

Die Erarbeitung möglicher Kriterien der Dimension „Finanzkraft" erfolgt in Anlehnung an Homburg, der in seinen Ausführungen Umsatz, Rentabilität, Liquidität und Verschuldungsgrad des Unternehmens sowie Umsatz und Rentabilität der strategischen Geschäftseinheit betrachtet (Abbildung B-5).[95]

Je nach unternehmerischer Gegebenheit werden die Kriterien unterschiedlich gewichtet. Bei einer stark ausgeprägten Profit-Center-Orientierung wird die finanzielle Position der Geschäftseinheit – beschrieben durch Umsatz und Rentabilität der betrachteten strategischen Geschäftseinheit – stärker gewichtet; liegt keine stark ausgeprägte Profit-Center-Orientierung vor, wird die finanzielle Position des gesamten Unternehmens – beschrieben durch Umsatz, Rentabilität, Liquidität und Verschuldungsgrad des Unternehmens – stärker gewichtet.

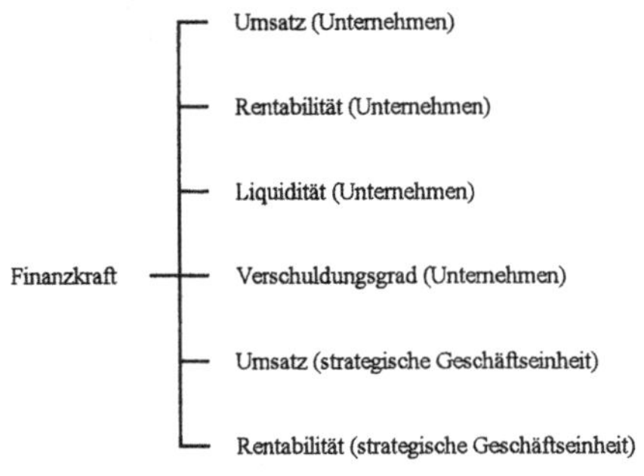

Abb. B-5: Kriterien der Finanzkraft

---

[95] Vgl. *Christian Homburg*: Strategieformulierung mit Hilfe von SPACE, S. 56.

2. Bewertung und Gewichtung der Kriterien

Die einzelnen strategischen Geschäftseinheiten werden anhand der Bewertungen der drei Dimensionen „Ökologieattraktivität", „ökologiebezogenes Unternehmenspotential" und „Finanzkraft" innerhalb des Ökologieportfolios positioniert. Die Bewertungen dieser drei Dimensionen errechnen sich als gewichtete arithmetische Mittel aus den Bewertungen der einzelnen Faktoren. Die Beurteiler rekrutieren sich aus den verschiedenen Unternehmensbereichen unter Hinzunahme von externen Experten und können zu den Kriterien mittels Fragebogen, Interview oder Tiefeninterview befragt werden.

Da es sich meist um Kriterien handelt, bei denen die Messung überwiegend auf Einstellungen und Wahrnehmungen von Urteilspersonen basiert und damit nur qualitative Aussagen zuläßt, wird im folgenden ordinales Meßniveau zugrundegelegt. Auch hinsichtlich der Bewertung der Dimension „Finanzkraft" wird der Einsatz einer Ordinalskala präferiert. Obwohl diese Dimension über die objektiven Kriterien Umsatz und Rentabilität der strategischen Geschäftseinheiten sowie Umsatz, Rentabilität, Liquidität und Verschuldungsgrad des Unternehmens operationalisiert wird und damit kardinales Meßniveau impliziert, fließen aufgrund fehlender exakter Daten über die zukünftige finanzielle Situation des betrachteten Unternehmens auch subjektive Kalküle in die Bewertung der einzelnen Kriterien ein.

Ein zu hoher Differenzierungsgrad der Meßskala überfordert im allgemeinen das menschliche Differenzierungsvermögen und beeinflußt die Praktikabilität und Wirtschaftlichkeit des Meßverfahrens; aus diesem Grund erfolgt die Messung der Kriterien für vorliegende Aufgabenstellung auf einer Ordinalskala von 0 bis 6.[96] Bei der Aufstellung der Skalen ist zu beachten, daß hohe Ausprägungen durchgängig auf eine hohe Ökologieattraktivität bzw. ein hohes ökologiebezogenes Unternehmenspotential bzw. eine starke finanzielle Position und umgekehrt niedrige Ausprägungen auf eine geringe Ökologieattraktivität bzw. ein niedriges ökologiebezogenes Unternehmenspotential bzw. eine schwache finanzielle Position hindeuten.

Für die Dimensionen „Ökologieattraktivität" und „ökologiebezogenes Unternehmenspotential" wird in der Mitte der Skala – das heißt bei Ziffer 3 – das Durchschnittsniveau angesiedelt. Bewertungen zwischen 0 und 2 bedeuten demnach geringe Ökologieattraktivität bzw. ungenügendes Unternehmenspotential für ökologieorientierte Innovationen, Bewertungen zwischen 4 und 6 hohe Ökologieattraktivität bzw. ausreichendes Unternehmenspotential für

---

[96] Vgl. hierzu auch *Bernd Lange*: Portfolio-Methoden in der strategischen Unternehmensplanung, Univ., Diss., Hannover 1981, S. 150 f.

ökologieorientierte Innovationen. Bezüglich der Dimension „Finanzkraft" ist zu empfehlen, sich bei der Festlegung der Skalenausprägungen an den in der Vergangenheit erfolgten Investitionen zu orientieren bzw. gegebenenfalls Schätzungen vorzunehmen.

Im Anschluß an die Bewertung der einzelnen strategischen Geschäftseinheiten sind für die drei Dimensionen „Ökologieattraktivität", „ökologiebezogenes Unternehmenspotential" und „Finanzkraft" die einzelnen Faktoren zu gewichten. Die Summe der Gewichtungen wird auf 1 normiert. Eine Gewichtung erfolgt aus dem Grund, weil seitens des Entscheidungsträgers den einzelnen Faktoren eine unterschiedliche Bedeutung für das Ziel „rechtzeitiges Erkennen von Chancen für ökologieorientierte Innovationen" beigemessen wird, die auch in einer entsprechenden Gewichtung ihren Ausdruck finden muß. Diese Vorgehensweise bringt die unterschiedliche Erfolgspotentialrelevanz der einzelnen Faktoren zum Ausdruck.

Es erscheint nicht sinnvoll, eine Gewichtung für die in den Abbildungen B-3, B-4 und B-5 erfaßten Kriterien vorzugeben, da die einzelnen Gewichte sowohl vom untersuchten Markt als auch von den einzelnen strategischen Geschäftseinheiten abhängen und somit nicht pauschalisiert werden können. Darüber hinaus darf die Festlegung der Gewichte der einzelnen Faktoren keiner statischen Betrachtung unterliegen, sondern muß als Prozeß erkannt werden.

Die zu einem bestimmten Zeitpunkt festgelegte Gewichtung muß nicht auch für die Zukunft Gültigkeit besitzen. Dies gilt insbesondere für die Dimension „Ökologieattraktivität", die sich aus den Kriterien der Unternehmensumwelt rekrutiert. So kann ein vermehrtes Baumsterben dazu führen, daß dem Erfüllungsgrad der physisch-ökologischen Komponente eine höhere Gewichtung zuteil werden muß.

Hinsichtlich der Festlegung der Gewichte bzw. der Gewinnung von Gewichtungen auf analytischem Wege wird in der Literatur zwischen zwei Methoden differenziert: Verhältnisschätzung und sukzessiver Vergleich.[97]

Bei der Verhältnisschätzung wird in einem ersten Schritt derjenige Umwelt- bzw. Unternehmensbereich ausgewählt, zu dem die übrigen Umwelt- bzw. Unternehmensbereiche ins Verhältnis gesetzt werden. Empfehlenswert ist die Auswahl des Bereiches mit der größten oder der geringsten Bedeutung innerhalb der jeweiligen Dimension.

---

[97] Vgl. hierzu unter anderem *Rolf-Jürgen Korte*: Verfahren der Wertanalyse: betriebswirtschaftliche Grundlagen zum Ablauf wertanalytischer Entscheidungsprozesse, 1. Auflage, Berlin 1977, S. 247 ff.

Für die Dimension „Ökologieattraktivität“ wird die politisch-rechtliche Komponente als Basis für die Verhältnisschätzung bestimmt, da Unternehmen vor allem dann unter Druck geraten, wenn eine strategische Geschäftseinheit den umweltrechtlichen Bestimmungen nicht mehr entspricht. Aus diesem Grund wird der Erfüllungsgrad der politisch-rechtlichen Komponente als der Bereich mit der größten Bedeutung für die Ökologieattraktivität einer strategischen Geschäftseinheit ausgewählt und ihm die Gewichtszahl von $g'_{p\text{-}r}=1$ zugeordnet. Anschließend werden die Gewichtszahlen der anderen Komponenten durch subjektive Schätzung ihrer jeweiligen Bedeutung im Vergleich mit dem Basisgewicht bestimmt. Im letzten Schritt werden die zugeordneten Gewichte normiert, so daß die Summe aller Gewichte 1 ergibt.

$$g_{ÖA} = \frac{g'_{ÖA}}{\sum_{ÖA=p-r}^{Ko} g'_{p-r}} \quad , \qquad \text{für alle ÖA=p-r, ..., Ko und } \sum_{ÖA=p-r}^{Ko} = 1$$

Ein aufwendigeres Verfahren ist das von Churchman und Ackoff entwickelte Verfahren der sukzessiven Gewichtsermittlung. Im Zuge dieses Verfahrens werden bei der Ermittlung der Gewichte im Zusammenhang mit der Ökologieattraktivität die einzelnen Umweltbereiche „...entsprechend ihrer Bedeutung in eine Ordinalrelation gebracht und ihnen entsprechend dieser Skalierung provisorische Zielgewichte zugeordnet, die solange aufgrund eines paarweisen Vergleichs von Gewichten (...) korrigiert werden, bis sie den subjektiven Wertschätzungen des Entscheidungsträgers entsprechen.“[98]

Die Anwendung dieses Verfahrens auf vorliegende Problemstellung erweist sich als besonders aufwendig und langwierig und setzt darüber hinaus ein sicheres Urteilsverhalten bei den an dem Prozeß der Gewichtungsfindung Beteiligten voraus. Diese Kritikpunkte fallen um so stärker ins Gewicht, je größer der Teilnehmerkreis ist. Im allgemeinen wird aus diesem Grund eher auf die Methode der Verhältnisschätzung zurückgegriffen werden.

Im Anschluß an die Gewichtung werden für alle drei Dimensionen des Ökologieportfolios gewichtete arithmetische Mittel berechnet. Dieses Verfahren orientiert sich an der Vorgehensweise herkömmlicher Scoring-

---

98 *Rolf-Jürgen Korte*: Verfahren der Wertanalyse, S. 248.

Methoden. Die ermittelten Zahlenwerte werden in das Ökologieportfolio eingetragen. Je nach Lage der Punkte ergeben sich Strategieempfehlungen für die betrachteten strategischen Geschäftseinheiten (Abbildung B-6).

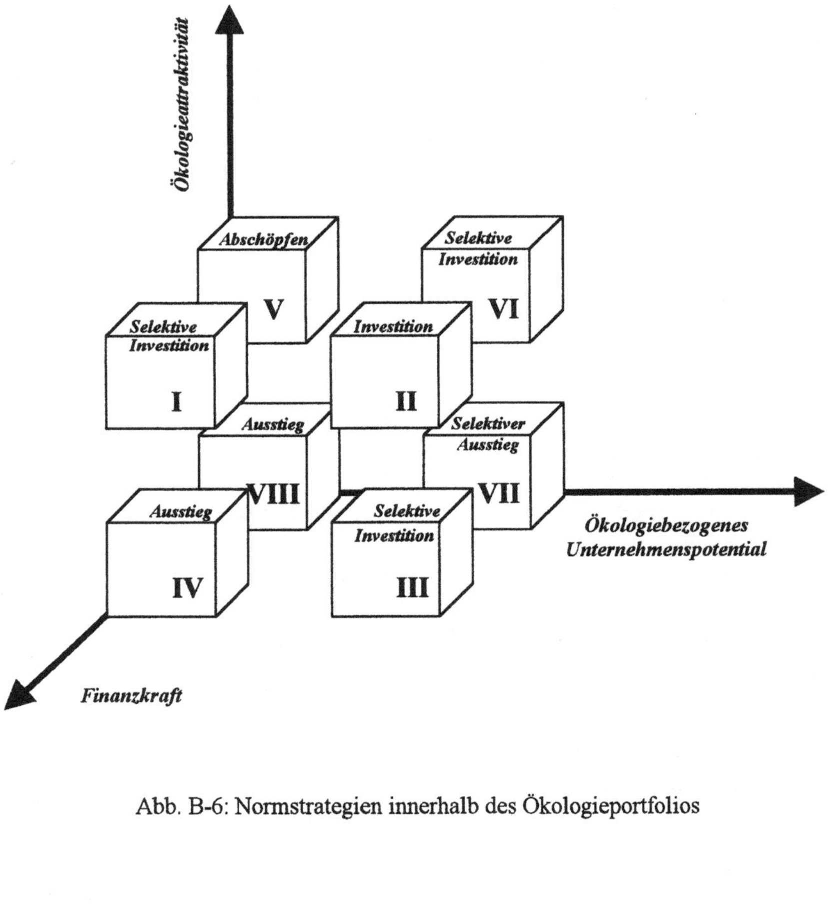

Abb. B-6: Normstrategien innerhalb des Ökologieportfolios

III. Positionierung der strategischen Geschäftseinheiten im Ökologieportfolio

Damit relevante Veränderungen in der Umwelt der Unternehmung sowie in der Unternehmung selbst, die darauf hindeuten, daß eine Chance für erfolgreiche ökologieorientierte Produkt- und Prozeßinnovationen besteht, nicht zu spät erkannt werden, muß das Ökologieportfolio entsprechend den Forderungen zu einem Instrument der strategischen Frühaufklärung umgestaltet werden. Im folgenden wird untersucht, wie die Abkehr von der Punktpositionierung und die Hinwendung zur Bereichspositionierung die Realisierung dieser Forderungen ermöglicht.

1. Die Bereichspositionierung

Da es sich bei den Kriterien des Ökologieportfolios um subjektive Kriterien handelt, bei denen die Messung überwiegend auf den Einstellungen und Wahrnehmungen der Urteilspersonen basiert, entstehen auch Unterschiede in der Bewertung der einzelnen Dimensionen und damit in der Bewertung der strategischen Position einzelner Geschäftseinheiten. In der Regel werden die Beurteilungen in weiten Bereichen streuen oder sich sogar widersprechen.[99]

Bei der herkömmlichen Anwendung der Portfolio-Analyse werden die strategischen Geschäftseinheiten über Konsensbildungsprozesse positioniert und das auf dieser Basis zustandegekommene Ergebnis der Unternehmensleitung präsentiert. Durch die für die Punktpositionierung notwendige Konsensbildung werden „starke Signale" erzeugt, „...die mit den Erfahrungen eines Großteils der Konsensgemeinschaft übereinstimmen."[100]

Signale, die auf notwendige umweltorientierte Innovationen hinweisen, sind jedoch im Anfangsstadium nur schwach wahrnehmbar. Werden diese schwachen Signale bei der Positionierung nicht berücksichtigt, geht die in der Projektgruppe unterschiedliche Beurteilung der zur Verfügung stehenden Daten – positiv oder negativ – verloren und kann damit die Entscheidungen der Unternehmensleitung nicht mehr beeinflussen.[101] Eine Positionierung der strategischen Geschäftseinheiten auf Basis von Konsensbildungsprozessen wird somit nicht der Konzeption der schwachen Signale gerecht. Die

---

99 Vgl. *Peter Roventa*: Portfolio-Analyse und Strategisches Management, S. 186.

100 *ebenda*, S. 201.

101 „Nicht opportune, utopistische, weil Diskontinuitäten ahnende Einschätzungen, gehen auf dem Weg zur endgültigen Darstellung der Analyse verloren und mit ihnen auch eine Menge von Informationen." *Peter Roventa*: Portfolio-Analyse und Strategisches Management, S. 199.

scheinbare Genauigkeit der Punktpositionierung kann die Unternehmensleitung zu gefährlichen Schlußfolgerungen verleiten, zumal es dem Management nicht mehr möglich ist, die Validität der strategischen Position zu überprüfen. Als für ein Unternehmen gefährlich erweist sich die Positionierung auf Basis von Konsensbildungsprozessen insbesondere dann, wenn das Unternehmen sich aufgrund der Positionierung für eine kostenintensive Strategie – im vorliegenden Fall die Strategie der ökologieorientierten Produkt- und Prozeßinnovation – entscheidet.

Zur Vermeidung von Fehlinvestitionen muß das Ziel bei der Positionierung strategischer Geschäftseinheiten darin bestehen, schwache Signale bei der Positionierung zu berücksichtigen und damit Unsicherheiten bzgl. der Beurteilung der strategischen Geschäftseinheiten im Portfolio sichtbar und diskutierbar zu machen.

Um der Unternehmensleitung die Unsicherheit und den Dissens in der Beurteilung der strategischen Geschäftseinheiten vor Augen zu führen, wird schon seit langem darüber diskutiert, statt der üblichen Punktpositionierung eine Bereichspositionierung der strategischen Geschäftseinheiten vorzunehmen.[102] Die Positionierung der strategischen Geschäftseinheiten in sogenannten „Unschärfebereichen“ soll der Unternehmensleitung Hinweise darauf geben, daß innerhalb der Projektgruppe die für Positionierungszwecke zur Verfügung stehenden Daten entsprechend den subjektiven Wahrnehmungen der Mitglieder der Projektgruppe unterschiedlich beurteilt werden.

Unschärfebereiche können unter anderem durch Mehrfachschätzungen erreicht werden, bei denen die Mitglieder der Projektgruppe auf Basis der vorhandenen Daten für die Entwicklung jeder Einzeldimension einen pessimistischen, einen mittleren und einen optimistischen Wert mit den zugehörigen subjektiven Eintrittswahrscheinlichkeiten angeben.[103] Dadurch

---

[102] Impulse für das Konzept der Bereichspositionierung gingen vor allem aus den Arbeiten von Kirsch / Trux und Roventa hervor. Vgl. ausführlich *Werner Kirsch* und *Walter Trux*: Strategische Frühaufklärung und Portfolio-Analyse, S. 56 ff. und *Peter Roventa*: Portfolio-Analyse und Strategisches Management, S. 227 ff. Auch in neueren Untersuchungen wird der Ansatz der Unschärfepositionierung befürwortet. Vgl. unter anderem *Ralf Seisreiner*: Das Corporate-Ecological-Performance-Modell zur Unterstützung einer umweltorientierten Unternehmensführung, S. 244 ff.

[103] Vgl. auch *Friedrich Hanssmann*: Einführung in die Systemforschung: Methodik der modellgestützten Entscheidungsvorbereitung, 1. Auflage, München 1978, S. 96. Während objektive Wahrscheinlichkeiten intersubjektiv überprüfbar sind, ist dies bei subjektiven Wahrscheinlichkeiten nicht möglich, da subjektive Wahrscheinlichkeiten „personengebundene Wahrscheinlichkeitsurteile“ darstellen, die auf persönlicher Intuition basieren. Zum objektiven bzw. subjektiven Wahrscheinlichkeitsbegriff vgl. auch *Herbert Hax*: Entscheidungsmodelle in der Unternehmung, Einführung in Operations Research, Reinbek bei Hamburg 1974, S. 39 ff., sowie *Norbert Szyperski* und *Udo Winand*: Entscheidungstheorie, Stuttgart 1974, S. 68 ff. Zu den unterschiedlichen Methoden zur Gewinnung subjektiver Wahrscheinlichkeiten vgl. beispielsweise *Hans-Christian Pfohl*: Messung

kann die Unsicherheit in der Bewertung durch die Mitglieder explizit bei der Positionierung der strategischen Geschäftseinheiten dargestellt werden.

2. Anwendung der Monte-Carlo-Methode bei der Bereichspositionierung

Wird für die Entwicklung jeder Komponente der Einzeldimensionen von jedem Mitglied der Projektgruppe ein pessimistischer, ein mittlerer und ein optimistischer Wert mit den zugehörigen subjektiven Eintrittswahrscheinlichkeiten erhoben, entsteht eine Vielzahl an Einzelverteilungen, die unter Berücksichtigung der Gewichtung der Einzeldimensionen zu einer Gesamtverteilung zusammengefaßt werden müssen. Diese Vorgehensweise wird am Beispiel der Dimension „Ökologieattraktivität" mit Hilfe der Monte-Carlo-Methode dargestellt.[104] Bei dieser Methode werden nach dem Zufallsverfahren Werte aus den zugrundeliegenden Einzelverteilungen gezogen und unter Berücksichtigung der Gewichtung zu einer Gesamtverteilung der Hauptdimensionen zusammengefaßt.

Die Hauptdimension „Ökologieattraktivität" ist in die Einzeldimensionen „politisch-rechtlich", „physisch-ökologisch", „gesellschaftlich", „technologisch", „Kunden", „Konkurrenten" und „Beschaffungsmärkte" mit ihren entsprechenden Komponenten unterteilt. Für sämtliche Komponenten werden Wahrscheinlichkeitsverteilungen erhoben, das heißt jedes Mitglied der Projektgruppe gibt für jede Komponente einen pessimistischen, einen mittleren und einen optimistischen Wert mit den entsprechenden subjektiven Wahrscheinlichkeiten an. In Tabelle B-1 sei dies beispielhaft an den Einzeldimensionen „politisch-rechtlich" sowie „physisch-ökologisch" dargestellt.

---

subjektiver Wahrscheinlichkeiten, in: Hans-Christian Pfohl und Bert Rürup (Hrsg.): Wirtschaftliche Meßprobleme, Köln 1977, S. 23-35.

[104] Zur ausführlichen Darstellung der Monte-Carlo-Methode vgl. unter anderem *C. West Churchman, Russel L. Ackoff* und *E. Leonard Arnoff*: Introduction to Operations Research, New York 1957, *Russell L. Ackoff* und *Maurice W. Sasieni*: Fundamentals of Operations Research, New York / London / Sydney 1968, *Rudolf Frühwirth* und *Meinhard Regler*: Monte-Carlo-Methoden: eine Einführung, Mannheim / Wien / Zürich 1983, *Il'ja M. Sobol'*: Die Monte-Carlo-Methode, 4., überarbeitete und erweiterte Auflage, Berlin 1991, sowie *Sergej Mikhailovich Ermakow*: Die Monte-Carlo-Methode und verwandte Fragen, Berlin 1975. Zur Anwendung der Monte-Carlo-Methode in konkreten Beispielen vgl. *Adolf Gerhard Coenenberg*: Unternehmensbewertung mit Hilfe der Monte-Carlo-Simulation, in: Zeitschrift für Betriebswirtschaft, 40. Jg. (1970), Nr. 12, S. 793-804, sowie *Günther Diruf*: Die quantitative Risikoanalyse: ein OR-Verfahren zur Beurteilung von Investitionsprojekten, in: Zeitschrift für Betriebswirtschaft, 42. Jg. (1972), Nr. 12, S. 821-832.

Tabelle B-1:
Bewertung der Ökologieattraktivität einer strategischen Geschäftseinheit

Einzel-dimension	**Gewichtung der Einzel-dimension**	**Komponente der Einzeldimension**	**i**	**Bewertung der Komponente**	**Subjektive Wahrschein-lichkeit**
1. Politisch-rechtlich	0,2	1.1 Wie gut wird die betrachtete strategische Geschäftseinheit die in aktuellen Gesetzesbestrebungen angesagten Anforderungen erfüllen? 1 .... 6 **Wird nicht erfüllen** ... **Wird erfüllen**	1	$a_{ipess} = 2$ $a_{imittl} = 5$ $a_{iopt} = 6$	0,2 0,6 0,2
		1.2 Wie stark ist die betrachtete strategische Geschäftseinheit von den zur Zeit in den Medien diskutierten Umweltschutzthemen betroffen? 1 .... 6 **Stark betroffen** ... **Nicht betroffen** ...	2 .	$a_{ipess} = 1$ $a_{imittl} = 3$ $a_{iopt} = 6$ ...	0,1 0,5 0,4 ...

2. Physisch-ökologisch	0,1	2.1 Wie stark werden jeweils die Umweltmedien Boden, Wasser, Luft durch die betrachtete strategische Geschäftseinheit belastet? 1 .... 6 Starke Belastung — Keine Belastung	1	$b_{ipess} = 2$ $b_{imittl} = 4$ $b_{iopt} = 5$	0,5 0,3 0,2
		2.2 Inwieweit werden im Zuge der Fertigung der strategischen Geschäftseinheit natürliche Rohstoffe abgebaut? 1 .... 6 Starker Abbau — Kein Abbau ...	2 .	$b_{ipess} = 2$ $b_{imittl} = 4$ $b_{iopt} = 5$ ...	0,2 0,5 0,3 ...
3. ...	...	3.1 ...	.	...	...

Mit Hilfe eines Zufallszahlengenerators, der gleichverteilte Zufallszahlen z_j, $0 < z_j < 1$, erzeugt, werden die der Gesamtwertermittlung der Dimension „Ökologieattraktivität" zugrunde zu legenden Einzelbewertungen bestimmt. Die Zuordnung der Einzelbewertungen zu den Zufallszahlen erfolgt dabei auf der Basis ihrer subjektiven Eintrittswahrscheinlichkeiten. Für die möglichen Bewertungen der Komponenten „Erfüllung aktueller Gesetzesbestrebungen" sowie „Betroffenheit von zur Zeit in den Medien diskutierten Umweltschutzthemen" der Einzeldimension „politisch-rechtlich" gelten folgende Zuordnungsvorschriften:

$$a_1 = \begin{cases} 2 & \textit{für} \quad 0{,}0 < z_j \leq 0{,}2 \\ 5 & \textit{für} \quad 0{,}2 < z_j \leq 0{,}8 \\ 6 & \textit{für} \quad 0{,}8 < z_j \leq 1{,}0 \end{cases} \qquad a_2 = \begin{cases} 1 & \textit{für} \quad 0{,}0 < z_j \leq 0{,}1 \\ 3 & \textit{für} \quad 0{,}2 < z_j \leq 0{,}6 \\ 6 & \textit{für} \quad 0{,}8 < z_j \leq 1{,}0 \end{cases}$$

Ist für jede Komponente der Einzeldimension „politisch-rechtlich" eine Bewertung bestimmt, wird der Gesamtwert dieser Einzeldimension als Summe der Bewertung der Komponenten im Vergleich zur „maximal möglichen Bewertung" bestimmt. Dergleichen wird mit allen Einzeldimensionen verfahren. Anschließend wird aus den errechneten Einzeldimensionen die Ökologieattraktivität als Summe der Produkte aus Bewertung und Gewichtung der Einzeldimensionen bestimmt.

Der Ablauf der Gesamtwertberechnung der Dimension „Ökologieattraktivität" ist in Abbildung B-7 schematisch dargestellt.

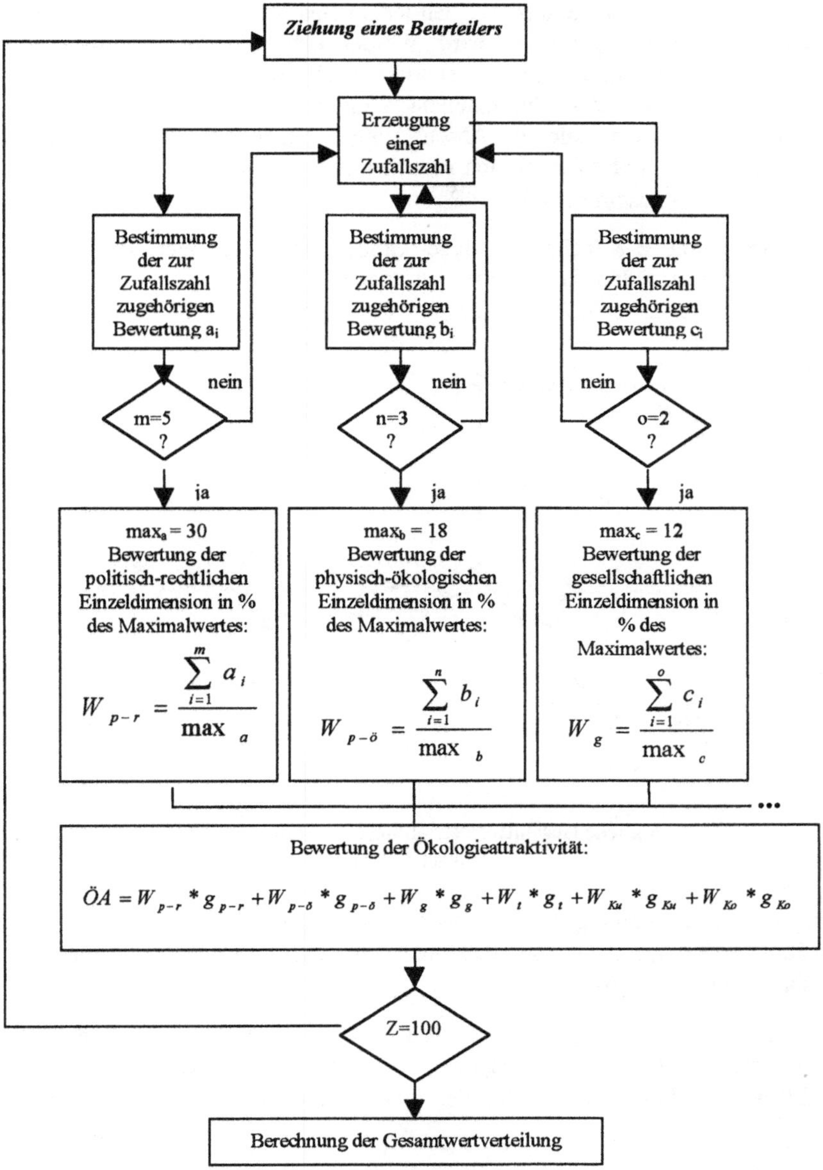

Abb. B-7: Ablauf der Gesamtwertberechnung am Beispiel der Ökologieattraktivität

Vereinfachend sei unterstellt, daß jedem Beurteiler die gleiche Kompetenz zur Beurteilung zugestanden wird. Werden nicht nur ausgesuchte Experten zur Beurteilung herangezogen, sondern auch Beurteiler aus den verschiedensten Bereichen des Unternehmens, kann bei Bedarf eine weitere Schleife eingeführt werden, „die die Abschätzungen der verschiedenen Bewerter – gegebenenfalls unter Einführung von Gewichtungsfaktoren entsprechend ihrer Kompetenz – zusammenführt.“[105]

Abbildung B-8 zeigt mögliche Gesamtwertverteilungen der einzelnen Dimensionen in den Hauptachsenrichtungen.

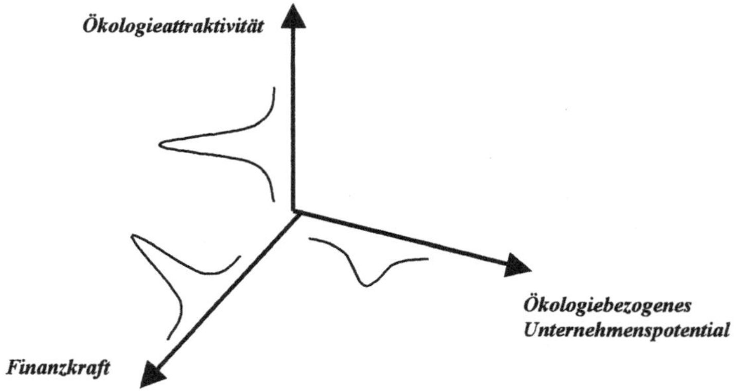

Abb. B-8: Mögliche Gesamtwertverteilungen der einzelnen Dimensionen in den Hauptachsenrichtungen

Durch Anwendung des Monte-Carlo-Verfahrens entsteht eine Menge von Punktpositionierungen, so daß sich im dreidimensionalen Raum eine Punktwolke herausbildet.

Diese Punktwolke kann durch einen Ellipsoiden als erste Näherung so minimiert werden, daß beispielsweise 95% der Punkte innerhalb dieses Ellipsoiden liegen und damit der Unschärfebereich abgegrenzt ist.[106] Das

---

105 *Peter Roventa*: Portfolio-Analyse und Strategisches Management, S. 272.

106 Ein Ellipsoid ist eine geschlossene Fläche 2. Ordnung, deren ebene Schnitte Ellipsen oder Kreise bilden. Die Punktwolke kann auch durch einen Rechtkanten als Zufallsbereich abgegrenzt werden. Der Ellipsoid begrenzt jedoch einen kleineren Zufallsbereich als der Rechtkant. Zum Rechtkanten als Zufallsbereich vgl. *Kurt Stange*: Angewandte Statistik – Zweiter Teil: Mehrdimensionale Probleme, Berlin / Heidelberg / New York 1971, S. 316 ff.

heißt, daß in diesem Ellipsoiden 95% aller Meinungsäußerungen der Experten liegen. Da ein 95%-iger Zufallsbereich bestimmt werden soll, wird das Signifikanzniveau $\alpha=0{,}05$ gewählt. Die Meinungsäußerungen liegen folglich mit der Wahrscheinlichkeit $W=1-\alpha$ im abzugrenzenden Bereich.

Nach Stange können die Ellipsoidenparameter in Abhängigkeit vom Signifikanzniveau berechnet werden. Der zu bestimmende Ellipsoid hat die Halbachsen:[107]

$$a = k * s_x$$
$$b = k * s_y$$
$$c = k * s_z$$

mit $k=k_{1-\alpha}=2{,}795$.[108]

Daraus ergeben sich die Halbachsen zu

$$a = 2{,}795 * s_x \quad ; \quad b = 2{,}795 * s_y \quad ; \quad c = 2{,}795 * s_z \; .$$

Zur genauen Bestimmung der Halbachsen müssen die Standardabweichungen der Dimensionen „Ökologieattraktivität" (s_x), „ökologiebezogenes Unternehmenspotential" (s_y) und „Finanzkraft" (s_z) berechnet werden mit

$$s_x = +\sqrt{\frac{1}{N} * \sum_{i=1}^{N} x_i^2 - \bar{x}^2} \quad ; \quad s_y = +\sqrt{\frac{1}{N} * \sum_{i=1}^{N} y_i^2 - \bar{y}^2} \quad ; \quad s_z = +\sqrt{\frac{1}{N} * \sum_{i=1}^{N} z_i^2 - \bar{z}^2} \; .$$

---

107 Vgl. zur Herleitung der Ermittlung des Konfidenzbereiches *Kurt Stange*: Angewandte Statistik – Zweiter Teil, S. 314 ff.

108 Zur Bestimmung des Schwellenwertes k in Abhängigkeit von α vgl. ebenda, S. 314 ff.

Damit können die Ellipsoidenhalbachsen bestimmt werden mit

$$a = 2{,}795 * \left(+ \sqrt{\frac{1}{N} * \sum_{i=1}^{N} x_i^2 - \overline{x}^2} \right) \quad ;$$

$$b = 2{,}795 * \left(+ \sqrt{\frac{1}{N} * \sum_{i=1}^{N} y_i^2 - \overline{y}^2} \right) \quad ;$$

$$c = 2{,}795 * \left(+ \sqrt{\frac{1}{N} * \sum_{i=1}^{N} z_i^2 - \overline{z}^2} \right) \quad .$$

Im rechtwinkligen Koordinatensystem und bei Übereinstimmung des Ursprungs des Koordinatensystems mit dem Zentrum des Ellipsoiden hat der Ellipsoid die Gleichung

$$\frac{x^2}{a^2} + \frac{y^2}{b^2} + \frac{z^2}{c^2} = 1$$

Da in unserem Fall das Zentrum des Ellipsoiden und der Ursprung des Koordinatensystems nicht zusammenfallen, lautet die Gleichung des Ellipsoiden:[109]

$$\frac{(x-\overline{x})^2}{a^2} + \frac{(y-\overline{y})^2}{b^2} + \frac{(z-\overline{z})^2}{c^2} = 1$$

Nach Berechnung der arithmetischen Mittels mit

$$\overline{x} = \frac{1}{N} * \sum_{i=1}^{N} x_i \quad ; \quad \overline{y} = \frac{1}{N} * \sum_{i=1}^{N} y_i \quad ; \quad \overline{z} = \frac{1}{N} * \sum_{i=1}^{N} z_i$$

kann die Gleichung des Ellipsoiden angegeben werden als

---

109 Das Zentrum des Ellipsoiden liegt bei $(\overline{x}, \overline{y}, \overline{z})$.

$$\frac{\left(x-\frac{1}{N}*\sum_{i=1}^{N}x_i\right)^2}{\left(2{,}795*\left(+\sqrt{\frac{1}{N}*\sum_{i=1}^{N}x_i^2-\bar{x}^2}\right)\right)^2}+\frac{\left(y-\frac{1}{N}*\sum_{i=1}^{N}y_i\right)^2}{\left(2{,}795*\left(+\sqrt{\frac{1}{N}*\sum_{i=1}^{N}y_i^2-\bar{y}^2}\right)\right)^2}+$$

$$+\frac{\left(z-\frac{1}{N}*\sum_{i=1}^{N}z_i\right)^2}{\left(2{,}795*\left(+\sqrt{\frac{1}{N}*\sum_{i=1}^{N}z_i^2-\bar{z}^2}\right)\right)^2}=1$$

In Abbildung B-9 ist die mögliche Lage eines Zufallsbereiches im Ökologieportfolio skizziert.

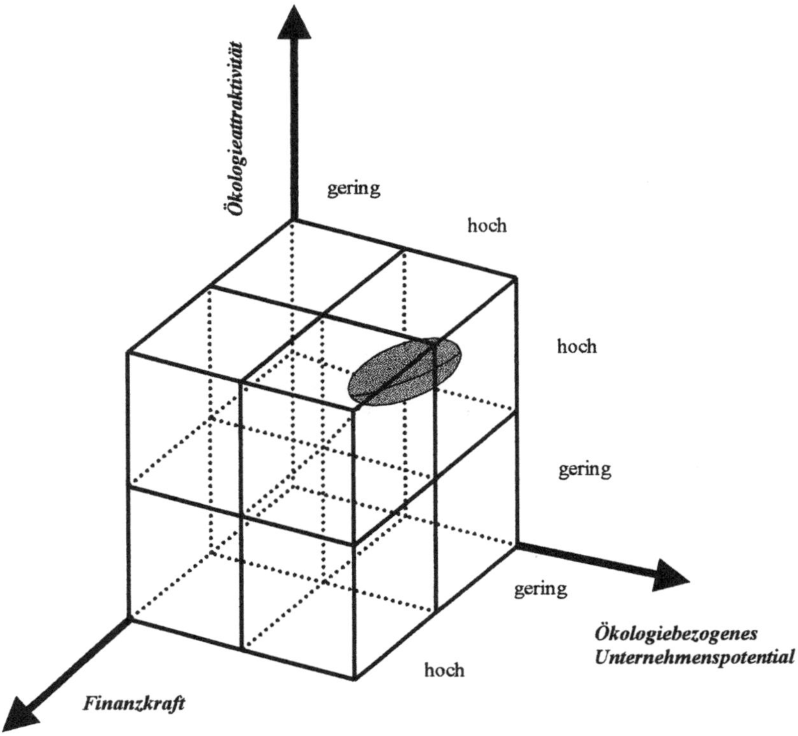

Abb. B-9: Bereichspositionierung einer strategischen Geschäftseinheit im Ökologieportfolio

Auf der Basis von Sensitivitätsanalysen kann anschließend der Frage nachgegangen werden, in welcher Weise der Unschärfebereich durch alternative Gewichtungen bzw. unterschiedliche Ausgangsverteilungen der Einzeldimensionen beeinflußt wird.

3. Ableitung von Normstrategien

Aus der Lage der strategischen Geschäftseinheiten im Ökologieportfolio ergeben sich für die Unternehmensleitung Hinweise darauf, welche strategischen Geschäftseinheiten zukünftige ökologische Herausforderungen nicht mehr bewältigen können bzw. bei welchen strategischen Geschäftseinheiten Chancen für erfolgreiche Produkt- und Prozeßentwicklungen vorliegen.

Erfüllt eine Geschäftseinheit die ökologiebezogenen Anforderungen nicht oder nur begrenzt, so hat das Unternehmen im allgemeinen keine gute Ausgangsposition hinsichtlich Innovationsbestrebungen für diese strategische Geschäftseinheit. Verfügt das Unternehmen darüber hinaus nur über eine geringe Ressourcenstärke, so ist eine unverzügliche Produkt- bzw. Verfahrenseinstellung respektive eine allmähliche Desinvestition geraten, gleichgültig, ob das Unternehmen eine hohe Finanzkraft aufweist oder nicht (Felder IV und VIII).

Für welche Strategie sich das Unternehmen schließlich entscheidet – sofortige Einstellung der Produktion oder allmählicher Rückzug vom Markt – bedarf einer intensiven Überlegung, da zum Beispiel eine weitere Akkumulation von Umweltschäden die Reaktion der Öffentlichkeit, der staatlichen Institutionen oder der Kunden herausfordert, was sich in der Regel auf die Rentabilität des Gesamtunternehmens negativ auswirkt.

Besitzt das Unternehmen jedoch eine relativ gute ökologische Wettbewerbsposition bzw. weist es die erforderliche Ressourcenstärke auf, empfiehlt sich ein selektives Vorgehen. Kann das Unternehmen nicht auf ein hohes finanzielles Potential zurückgreifen, wird es sich im allgemeinen für einen „selektiven Ausstieg“ entscheiden. Das heißt, für bestimmte Geschäftseinheiten erfolgt die sofortige Einstellung der Produktion bzw. der allmähliche Rückzug vom Markt, für andere Geschäftseinheiten dagegen werden kurzfristige, wenig ressourcenaufwendige Anpassungen an die aktuellen ökologischen Anforderungen vorgenommen, um die Strategie des Abschöpfens verfolgen zu können (Feld VII).

Ist dagegen die Finanzkraft hoch, bietet sich die Strategie der „selektiven Investition“ an. Das Unternehmen trifft eine Entscheidung hinsichtlich der Auswahl derjenigen Geschäftseinheiten, bei denen in umweltgerechtere Produkt- bzw. Prozeßinnovationen investiert werden soll (Ressourcenallokation, Feld III).

Kann eine strategische Geschäftseinheit die externen ökologischen Anforderungen derzeit noch erfüllen, jedoch zukünftig eventuell noch steigenden Anforderungen nicht mehr nachkommen, da es dem Unternehmen nicht möglich ist, durch eigenes Know-how oder durch Zukauf von Know-how das notwendige ökologiebezogene Unternehmenspotential aufzubauen, bietet sich eine Fortführung der bisherigen Politik an (Abschöpfen, Feld V). Werden dann höhere Anforderungen an das Unternehmen gestellt, lautet die strategische Antwort Ausstieg bzw. Desinvestition.

Weist das Unternehmen dagegen eine hohe Finanzkraft auf, können eventuell Stärken durch den Zukauf von Know-how aufgebaut werden. In diesem Fall entscheidet sich das Unternehmen für „Selektive Investition", das heißt es werden diejenigen strategischen Geschäftseinheiten gefördert, die den größten Erfolg versprechen (Feld I). Für die nicht geförderten Geschäftseinheiten wird die Strategie des Abschöpfens verfolgt.

Chancen für erfolgreiche ökologieorientierte Produkt- bzw. Prozeßinnovationen bei strategischen Geschäftseinheiten liegen insbesondere dann vor, wenn das Unternehmen ein relativ hohes ökologiebezogenes Potential bzw. die erforderliche Ressourcenstärke zur Bewältigung ökologischer Herausforderungen für diese Geschäftseinheiten aufweist und auch zukünftig noch steigende externe ökologische Anforderungen erfüllt werden können (Feld II). Weist das Unternehmen jedoch nur eine geringe Finanzkraft auf, wird wiederum ein selektives Vorgehen notwendig (Feld VI).

Durch die Anwendung der Bereichspositionierung können Unschärfebereiche unter Umständen mehrere Felder des Ökologieportfolios berühren. Hat sich die Unternehmensleitung dazu entschieden, eine bestimmte strategische Geschäftseinheit durch kostenintensive ökologieorientierte Produkt- und Prozeßinnovationen zu fördern, erhält sie Hinweise darauf, daß schwache Signale für Veränderungen vorliegen, die für die Durchführung dieser Strategie gefährlich werden könnten. Mittels Tiefenanalysen kann Klarheit über Ursache und Auswirkung dieser Veränderungen geschaffen werden.

Die Positionierung der strategischen Geschäftseinheiten im Ökologieportfolio liefert eine Reihe wichtiger Erkenntnisse, die sich nicht nur auf das Ableiten von Strategieempfehlungen beschränken.

Der Einsatz der Ökologieportfolio-Analyse macht darüber hinaus auch die Bewertung von Maßnahmen zur Verbesserung der ökologischen Betroffenheit der Produkte – seien es Verbesserungen im technischen Bereich oder im kommunikativen Umgang mit der Öffentlichkeit – möglich. Um den Erfolg dieser Maßnahmen bewerten zu können, muß die Positionierung in bestimmten zeitlichen Abständen wiederholt werden. In diesem Fall dient die Portfolio-Analyse auch als Kontrollinstrument.

Werden statt der strategischen Geschäftseinheit deren Produkt- und Prozeßtechnologien im Ökologieportfolio positioniert, können die vordringlichsten Einsatzgebiete der Forschung und Entwicklung festgestellt bzw. den ökologischen Schwachstellen dieser Geschäftseinheit mit gezielten korrektiven Maßnahmen gegengesteuert werden.

Die Anwendung des Ökologieportfolios muß sich jedoch nicht auf die Positionierung der eigenen strategischen Geschäftseinheiten beschränken. Der Einsatz des Ökologieportfolios liefert auch wichtige Informationen im Rahmen der Konkurrentenanalyse.

„Die Aufgabe der Konkurrentenanalyse (...) besteht in der Sammlung und Bewertung möglichst umfassenden Informationsmaterials über die wichtigsten Wettbewerber eines Unternehmens."[110] Die Positionierung der strategischen Geschäftseinheiten der Wettbewerber im Ökologieportfolio zusammen mit den eigenen Geschäftseinheiten ermöglicht einen direkten Vergleich, der zum einen Aufschluß über den „ökologischen Nachholbedarf" und zum anderen über den „ökologischen Vorsprung" gegenüber der Konkurrenz gibt.

Während in der Regel Informationen über die Ökologieattraktivität der strategischen Geschäftseinheit der Konkurrenz verfügbar sind, wird sich die Beschaffung von Informationen über das ökologiebezogene Unternehmenspotential sowie über die Finanzkraft des jeweiligen Konkurrenten schwieriger gestalten. Infolgedessen wird auch die Unschärfe in diesen beiden Dimensionen des Ökologieportfolios größer sein.

Trotz dieser Probleme liefert der Einsatz des Ökologieportfolios im Rahmen der Konkurrentenanalyse wertvolle Hinweise. Insbesondere durch die Betrachtung des ökologiebezogenen Unternehmenspotentials können Stärken bzw. Schwächen des eigenen Unternehmens gegenüber der Konkurrenz herausgearbeitet werden.

4. Tiefenanalysen zur Eingrenzung des Innovationsrisikos

Durch die Positionierung der strategischen Geschäftseinheiten in Unschärfebereichen erhält die Unternehmensleitung Hinweise darauf, daß im Unternehmen schwache Signale über anstehende Veränderungen empfangen werden, über deren Auswirkungen auf die einzelnen Geschäftseinheiten keine einheitliche Meinung innerhalb des Unternehmens besteht. Vor allem dann, wenn Unschärfebereiche mehrere Felder berühren, sollten in entsprechenden Tiefenanalysen die empfangenen und in die Positionierung eingegangenen schwachen Signale eingehender untersucht werden.[111]

---

110 *Robert Nieschlag, Erwin Dichtl* und *Hans Hörschgen*: Marketing, 16., durchgesehene Auflage, Berlin 1991, S. 861.

111 Diese Funktion der Portfolio-Analyse wurde vor allem durch die Arbeiten von Kirsch und Trux unter der Bezeichnung „Triggerfunktion für Tiefenanalysen" diskutiert. Vgl. unter anderem *Werner Kirsch* und *Walter Trux*: Strategische Frühaufklärung und Portfolio-Analyse, S. 61. In diesem

Die Durchführung von Tiefenanalysen ist insbesondere dann empfehlenswert, wenn die Unternehmensleitung beabsichtigt, in bestimmte strategische Geschäftseinheiten zu investieren. In diesem Fall können Tiefenanalysen das Risiko von Fehlinvestitionen entscheidend verringern.

Um aussagefähige Ergebnisse aus den Tiefenanalysen zu erhalten, ist es ratsam, mehrere Methoden miteinander zu kombinieren.

In Anbetracht der großen Menge der in die Positionierung einfließenden schwachen Signale können aus Kosten-Nutzen-Überlegungen nicht für alle Tiefenanalysen durchgeführt werden. Aus diesem Grund besteht der erste Schritt einer tiefergehenden Analyse darin, zu untersuchen wie die im Portfolio aufgezeigten Unschärfebereiche zustande kommen bzw. welche Faktoren sowohl aus dem Umwelt- als auch aus dem Unternehmensbereich in ihrer Entwicklung besonders abweichend beurteilt werden. Zu diesem Schritt können die in die Positionierung eingeflossenen Werte herangezogen werden.

Sind die einzelnen Umwelt- und Unternehmensbereiche mit besonders abweichend beurteilten Entwicklungen bestimmt, werden im nächsten Schritt die Ursachen für die differierende Beurteilung erforscht. In diesem Zusammenhang müssen sämtliche schwachen Signale, die diesen Umwelt- und Unternehmensbereichen zuzuordnen sind, nochmals von Experten nach Auswirkung und Eintrittswahrscheinlichkeit beurteilt werden. Hierzu kann die Diskontinuitätenbefragung herangezogen werden.[112]

Geht zum Beispiel aus den in die Positionierung eingeflossenen Werten hervor, daß die Entwicklung der Faktoren im politisch-rechtlichen Bereich von den Experten besonders stark abweichend beurteilt wird, sind die diesem Bereich zuzuordnenden schwachen Signale hinsichtlich ihres Einflusses auf die Ökologieattraktivität der strategischen Geschäftseinheit sowie hinsichtlich der Eintrittswahrscheinlichkeit zu bewerten, die einzelnen Anworten in einem zweidimensionalen Koordinatensystem abzubilden und Zufallsbereiche abzugrenzen (Tabelle B-2, Abbildung B-10).

Zusammenhang wird deutlich, wie wichtig ein effizientes Dokumentationssystem der schwachen Signale im Unternehmen ist.

112 Die nachfolgenden Ausführungen zur Diskontinuitätenbefragung stützen sich im wesentlichen auf die Erkenntnisse bei Müller / Zeiser. Vgl. *Günter Müller* und *Bernd Zeiser*: Zufallsbereiche zur Beurteilung frühaufklärender Signale, in: Zeitschrift für Betriebswirtschaft, 50. Jg. (1980), Nr. 6, S. 605-619.

Tabelle B-2:

Beurteilung ausgewählter schwacher Signale[113]

Umweltbereich	**Dis-konti-nuität-Nr.**	**Ereignis**	**Einfluß auf die Ökologieattraktivität der zu beurteilenden strategischen Geschäftseinheit** ●———————● -4 (sehr ungünstig) … +4 (sehr günstig)	**Wahr-schein-lich-keit des Eintritts (0-100%)**
Politisch-rechtlicher Bereich	1	Verschärfte Umweltschutzauflagen		
	2	Erlaß zur Einführung der Ökosteuer		
	3	...		
	4	...		
	5	...		
	6	...		

113 In Anlehnung an *Günter Müller* und *Bernd Zeiser*: Zufallsbereiche zur Beurteilung frühaufklärender Signale, S. 607.

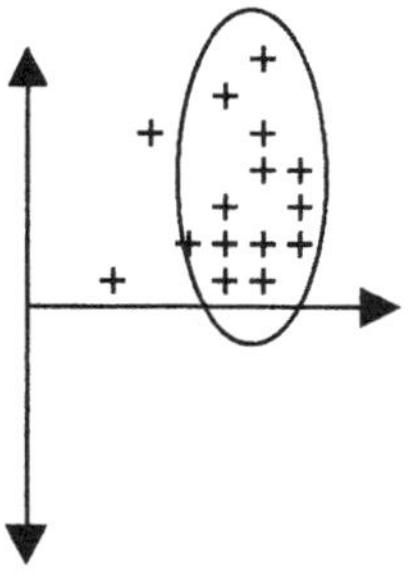

Abb. B-10: Zufallsbereich einer Diskontinuität

Diese Vorgehensweise bietet zwei Vorteile. Zum einen können durch die Konstruktion von Zufallsbereichen Meinungsaußenseiter herauskristallisiert werden. Von diesen Meinungsaußenseitern erhofft sich ein Unternehmen „die Erkenntnis neuer fundamentaler Grundstrukturen der Zusammenhänge", die den Erfolg einer strategischen Geschäftseinheit beeinflussen.[114] Mittels weiterer Tiefenanalysen muß nun überprüft werden, inwieweit die Auffassung der Außenseiter berechtigt ist. Eventuell wird von ihnen eine Verschärfung der Umweltschutzauflagen als Chance für die strategische Geschäftseinheit erkannt, weil der Wettbewerb die Auflagen nicht erfüllen kann. Andere Experten hingegen erkennen diesen Zusammenhang vielleicht nicht und beurteilen verschärfte Umweltschutzauflagen als negativ für die strategische Geschäftseinheit. Zum anderen können mittels Chancen-Risiken-Profilen diejenigen Diskontinuitäten mit der höchsten Eintrittswahrscheinlichkeit sowie der höchsten negativen bzw. positiven Auswirkung herausgefiltert werden (Abbildung B-11). Gerade diese sollten in weiteren Tiefenanalysen untersucht werden.

---

[114] *Günter Müller* und *Bernd Zeiser*: Zufallsbereiche zur Beurteilung frühaufklärender Signale, S. 613.

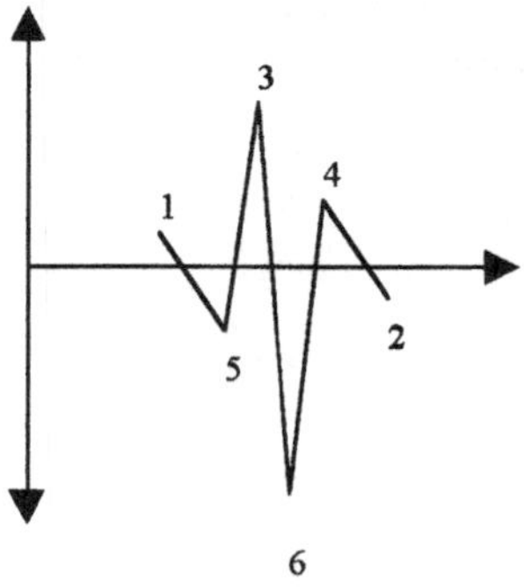

Abb. B-11: Beispiel für ein Chancen-Risiken-Profil im politisch-rechtlichen Umweltbereich

Es ist jedoch nicht ausreichend, die Richtung, das Ausmaß sowie die Eintrittswahrscheinlichkeit möglicher Diskontinuitäten zu ermitteln, sondern es ist insbesondere von Bedeutung zu wissen, wie sich der tatsächliche Eintritt dieser Diskontinuitäten auf die geplanten Strategien auswirkt. Aus diesem Grund werden schließlich in einem weiteren Schritt, unter Anwendung der Cross-Impact-Analyse, die sich aus der Diskontinuitätenbefragung als besonders beobachtungswürdig herausgestellten schwachen Signale eines bestimmten Umwelt- oder Unternehmensbereiches mit den beabsichtigten Strategien für die einzelnen strategischen Geschäftseinheiten verknüpft.

Ziel der Anwendung der Cross-Impact-Analyse für die vorliegende Aufgabenstellung besteht darin, mit Hilfe einer Beurteilungsmatrix festzustellen, inwieweit sich die aus den schwachen Signalen ergebenden Ereignisse auf die geplante Strategie der betrachteten strategischen Geschäftseinheit auswirken.[115] Dabei beinhalten die Reihen der Matrix die möglichen Diskontinuitäten und die Spalten die geplanten Strategien (Tabelle B-3).

Die eingetragenen Werte in der Matrix lassen erkennen, welche Umweltentwicklungen die geplanten Strategien unterstützen, welche ihnen entgegenwirken und welche sie nicht beeinflussen und damit bei der Entscheidung für eine Strategie nicht von Bedeutung sind. Damit erhält der Betrachter auch deutliche Hinweise darauf, welche Umweltentwicklungen

---

[115] Der Begriff der Cross-Impact-Analyse sowie deren Anwendung ist nicht einheitlich definiert. Zur Cross-Impact-Analyse vgl. ausführlich *Klaus-Peter Wiedmann*: Frühwarnung, Früherkennung, Frühaufklärung, Mannheim 1984, S. 68 ff., sowie die dort angegebene Literatur zu den einzelnen Varianten der Cross-Impact-Analyse.

permanent und intensiv beobachtet werden müssen – auch dann, wenn die ursprünglich geplante Strategie ausgeführt wird.

Tabelle B-3:
Beurteilungsmatrix zur Cross-Impact-Analyse

Umweltbereich	**Dis-konti-nuität-Nr.**	**Ereignis**	**Auswirkung der Diskontinuität auf die geplanten Strategien für**		**Summe der Auswirkungen**	
			SGF 1	SGF 2		
			●——● -4 … +4		-	+
Politisch-rechtlich	1	Verschärfte Umweltschutzauflagen				
	2	Erlaß zur Einführung der Ökosteuer				
	3	...				
	4	...				
	5	...				
	6	...				
Kunden	1	...				
	2	...				
...	...	...				

		SGF 1	SGF 2
Summe der Auswirkungen	+		
	-		

Mittels anschließender Szenarioanalyse werden die Ergebnisse aus der Diskontinuitätenanalyse und aus der Cross-Impact-Analyse zusammengeführt, wodurch eine umfassende und doch komprimierte Darstellung des Gesamtproblems – definiert als die „ökologische Betroffenheit der strategischen Geschäftseinheit" – ermöglicht wird. Grundlegendes Ziel der Szenarioanalyse besteht darin, das zum jetzigen Zeitpunkt vorhandene Wissen über mögliche Entwicklungen in der Umwelt bzw. im Unternehmen zu sammeln und daraus alternative Zukunftsbilder für die Geschäftseinheit abzuleiten sowie die potentielle Auswirkung von Diskontinuitäten auf die Szenarien zu verdeutlichen.[116]

Die ökologische Betroffenheit einer strategischen Geschäftseinheit ergibt sich aus ihrer Bewertung hinsichtlich der Ökologieattraktivität, des ökologiebezogenen Unternehmenspotentials sowie der Finanzkraft. Die prognostizierten Entwicklungen der Deskriptoren aus Umwelt- und Unternehmensbereich werden der Befragung zur Positionierung entnommen. Während die Entwicklung einiger Deskriptoren weitestgehend einheitlich beurteilt wird, besteht über die Entwicklung anderer Deskriptoren eine geteilte Meinung. Diese Deskriptoren stellen die kritischen Deskriptoren dar, deren Auswirkungen auf die zu beurteilende strategische Geschäftseinheit im Zuge der Diskontinuitätenbefragung untersucht werden. Je nach Ergebnis der Diskontinuitätenbefragung sind für bestimmte Deskriptoren alternative Annahmen aufzustellen.

Auf Basis dieser Prognosen wird für die strategische Geschäftseinheit ein positives, ein negatives und ein wahrscheinliches Zukunftsbild erarbeitet (Tabelle B-4).

---

116 Zu einem kurzen Überblick über Ziel und Zweck der Szenarioanalyse vgl. *Ewald Scherm*: Die Szenario-Technik – Grundlage effektiver strategischer Planung, in: Das Wirtschaftsstudium, 21. Jg. (1992), Heft 2, S. 95-97.

Tabelle B-4:
Mögliche Ökoszenarien

Deskriptoren	Entwicklung A	Entwicklung B
Umweltpolitische Aktivitäten des Gesetzgebers	Deutschland baut seine Vorreiterrolle bzgl. des Umweltrechts weiter aus	Nivellierung auf „europäischem Niveau" aufgrund der wirtschaftlichen Entwicklung
Umweltbewußtsein der Bevölkerung	Bleibt konstant	Steigt weiter an
Kaufverhalten der Abnehmer	Produkt wird nicht als umweltrelevant empfunden	Produkt wird als ökologisch nicht tragfähig eingestuft
Aktivitäten der Konkurrenz	Keine ökologisch ausgerichteten Aktivitäten	Ökostrategien im Vormarsch

Anschließend werden die im Zuge der Cross-Impact-Analyse festgestellten Diskontinuitäten, die die geplante Strategie besonders negativ oder positiv beeinflussen, als Störereignisse in die Szenarien eingefügt und auf ihre Auswirkungen hin analysiert. Sinn und Zweck dieser Vorgehensweise besteht darin, sich bei Ausführung der geplanten Strategie im vorhinein ein Maßnahmenset zurechtzulegen, wie eventuell eintretenden Störfällen begegnet werden kann.

IV. Ausgestaltung eines „strategischen Radars" für Umweltänderungen

Chancen für erfolgreiche ökologieorientierte Produkt- und Prozeßinnovationen kündigen sich in Form von schwachen Signalen an. Um diese Signale wahrnehmen und dementsprechend die Innovationstätigkeit ausrichten bzw. Innovationsprozesse frühzeitig einleiten zu können, müssen innerhalb des Unternehmens die Voraussetzungen für eine „Radarfunktion" geschaffen werden. Ziel ist, möglichst viele schwache, strategisch relevante Signale von verschiedenen Stellen im Unternehmen zu empfangen und im

Sinne einer strategischen Exploration aufzuwirbeln.[117] In der betriebswirtschaftlichen Literatur wird in diesem Zusammenhang auch von einem „Aufwirbel-Ansaug-Effekt“ gesprochen.[118]

Die strategische Exploration hat zum Ziel, „erste rudimentäre Vorverständnisse potentieller strategischer Probleme“ zu entwickeln.[119] Erste Ergebnisse können über „unstrukturierte Gespräche mit Mitarbeitern“ erzielt werden, die in diesen Gesprächen ihre eher intuitiven Gedanken zum ökologieorientierten Unternehmenspotential bzw. zu potentiellen Gefahren und Risiken hinsichtlich ökologieorientierter Innovationen äußern.[120] Durch die strategische Exploration wird gewährleistet, daß unlogischen Argumenten eine Bedeutung beigemessen und dadurch die Gefahr reduziert wird, schwache Signale zu übersehen.

Informationssuchaktivitäten im Rahmen der Explorationsphase werden als Scanning-Aktivitäten bezeichnet.[121] Es wird zwischen gerichteter und ungerichteter bzw. zwischen gebundener und freier Exploration differenziert.[122] Das gerichtete bzw. gebundene Scanning bezieht sich auf die in Abschnitt B.II.1 dargestellten Beobachtungsfelder. Ein wesentliches Problem bei der Abgrenzung der relevanten Beobachtungsfelder innerhalb und außerhalb der Unternehmung besteht darin, daß das Analysefeld auf der einen Seite überschaubar gemacht werden soll, auf der anderen Seite jedoch auch sicherzustellen ist, daß mit dieser Abgrenzung alle für ein Unternehmen im Zusammenhang mit ökologieorientierten Innovationen relevanten schwachen Signale erfaßt werden können. Dieses Problem erlangt noch größere Bedeutung, wenn auch in Betracht gezogen wird, daß sich mit den Veränderungen in der Umwelt und innerhalb der Unternehmung die Relevanz der

---

117 Vgl. *Werner Kirsch* und *Walter Trux*: Strategische Frühaufklärung und Portfolio-Analyse, S. 55. Unter einer strategischen Exploration wird im allgemeinen eine relativ ungerichtete Informationsgewinnung verstanden. Vgl. *Karl Dieter Mauthe*: Strategische Analyse, S. 46.

118 Dieser Aufwirbel-Ansaug-Effekt zieht eine Filterung und ein Recycling nach sich. Vgl. zum „Aufwirbel-Ansaug-Filter-Recycling-System“ ausführlich *Werner Kirsch*, *Werner-Michael Esser* und *Eduard Gabele*: Das Management des geplanten Wandels von Organisationen, Stuttgart 1979, S. 363 ff.

119 *Karl Dieter Mauthe*: Strategische Analyse, S. 105.

120 Zum Begriff der unstrukturierten Mitarbeitergespräche vgl. auch *Karl Dieter Mauthe*: Strategische Analyse, S. 47.

121 Im Gegensatz zu Scanning steht das Monitoring. Als Monitoring wird eine intensivere Suche nach Informationen über ein bereits identifiziertes schwaches Signal bezeichnet. Vgl. *Günter Müller-Stewens*: Strategische Suchfeldanalyse: die Identifikation neuer Geschäfte zur Überwindung struktureller Stagnation, 2., durchgesehene Auflage, Wiesbaden 1990, S. 202.

122 Vgl. zu dieser Unterscheidung beispielsweise *Günter Müller-Stewens*: Strategische Suchfeldanalyse, S. 201, *Günter Müller*: Strategische Frühaufklärung, München 1981, S. 168, sowie *Werner Kirsch* und *Walter Trux*: Strategische Frühaufklärung und Portfolio-Analyse, S. 55.

Beobachtungsfelder verschiebt. Somit ist neben der gerichteten Suche, die sich auf die abgegrenzten Beobachtungsfelder bezieht, auch eine ungerichtete bzw. freie Suche, mittels derer die gesamte Umwelt der Unternehmung sowie sämtliche Bereiche innerhalb des Unternehmens nach möglichen Signalen abgetastet wird, notwendig. Das ungerichtete Scanning ist dadurch mit einem 360-Grad-Radar vergleichbar.

Auf Basis des informationsquellenorientierten Ansatzes einer strategischen Frühaufklärung sollten zum Empfang schwacher Signale sogenannte Sensorsysteme eingerichtet werden.[123] Um eine möglichst große Oberfläche für den Empfang und damit auch eine breite Informationsbasis zu erhalten, müssen schwache Signale über die gesamte Unternehmung verteilt empfangen werden. Aus diesem Grund empfiehlt es sich, alle Mitarbeiter des Unternehmens in den Frühaufklärungsprozeß miteinzubeziehen. Jeder einzelne Mitarbeiter nimmt sowohl innerhalb als auch außerhalb seines Aufgabenbereiches Signale wahr, die für die Früherkennung ökologieorientierter Produkt- und Prozeßentwicklungen relevant sein können.

Die Einbeziehung der Mitarbeiter in den Frühaufklärungsprozeß hat jedoch auch bestimmte Voraussetzungen bei der Personalentwicklung zur Folge. Im Personalbereich werden langfristig die Grundlagen für die Effektivität eines ökologieorientierten Frühaufklärungssystems geschaffen. Der Erfolg eines Frühaufklärungssystems hängt im wesentlichen vor allem von der Phantasie, dem Können und der Erfahrung der Mitarbeiter im Unternehmen ab. Aus diesem Grund ist die Einführung eines ökologieorientierten Frühaufklärungssystems ohne entsprechende „Vorbereitung der Mitarbeiter“ zum Scheitern verurteilt.

Die im Frühaufklärungsprozeß integrierten Mitarbeiter müssen über den Aspekt der Frühaufklärung vor allem im Zusammenhang mit der Ökologieorientierung und der Bedeutung des Umweltschutzes für den langfristigen Erhalt der Unternehmung informiert werden. Ihnen muß verdeutlicht werden, daß die Einführung eines ökologieorientierten Frühaufklärungssystems zur Erfassung schwacher Signale auch in ihrem Interesse ist, denn nur durch ein aktives Umweltmanagement kann die Sicherung des Unternehmens und damit der Arbeitsplätze gewährleistet werden. Dies bedingt eine Aufklärung der Mitarbeiter sowohl über ihre Funktion innerhalb des Frühaufklärungssystems

---

[123] Eine Gegenüberstellung der Ansätze zur Verwirklichung einer strategischen Frühaufklärung findet sich bei *Günter Müller-Stewens*: Strategische Suchfeldanalyse, S. 101 ff., sowie *Klaus-Peter Wiedmann*: Frühwarnung, Früherkennung, Frühaufklärung, S. 26 ff. Neben dem informationsquellenorientierten Ansatz einer strategischen Frühaufklärung, dessen Ausgangspunkt die Art der verwendeten Informationsquellen bildet, können auch indikatorenorientierte, modellorientierte, analyseorientierte und netzwerkorientierte Ansätze unterschieden werden.

bzw. über ihre Bedeutung als Empfänger schwacher Signale als auch über die Notwendigkeit umweltorientierten Handelns.

Zur Integration der Mitarbeiter in ein ökologieorientiertes Frühaufklärungssystem sind Motivationsprogramme besonders von Bedeutung. Im allgemeinen wird es der Unternehmung nicht schwerfallen, Mitarbeiter mit hoher Umweltschutzmotivierung zu rekrutieren. In der Regel wird das individuelle Umweltbewußtsein, insbesondere bei Führungsnachwuchskräften, über dem Umweltbewußtsein der Organisation liegen.[124] Es gilt jedoch auch, dieses Motivationspotential zu nutzen bzw. die Bereitschaft zum umweltorientierten Handeln zu fördern.

Die Grundvoraussetzung, das „Umweltpotential“ der Mitarbeiter nutzen zu können, ist dann gegeben, wenn Umweltschutzaufgaben – im Fall der Integration der Mitarbeiter in das ökologiegerechte Frühaufklärungssystem also die Funktion als „Sensor“ – schon in der Stellenausschreibung bzw. der Stellenbeschreibung explizit in den Aufgabenbereich aufgenommen werden. Dadurch wird der Umweltschutz Teil der Aufgabe des Stelleninhabers, und – was noch viel wichtiger ist – er hat das Recht, sich innerhalb eines bestimmten Rahmens dieser Aufgabe zu widmen. Auch finanzielle und persönliche Anreize können zur Steuerung der Mitarbeitermotivation beitragen. Darunter fallen aufstiegsrelevante bzw. monetäre Leistungsanreize. Ebenso spielen erhöhte Umweltschutzprämien im betrieblichen Vorschlagswesen eine Rolle. So können Probleme der ökologieorientierten Frühaufklärung in das betriebliche Vorschlagswesen eingebunden und Belohnungen für das rechtzeitige Erkennen von Chancen für ökologieorientierte Produkt- oder Prozeßinnovationen ausgesetzt werden.

Vor allem der Bereich des ungerichteten, aber auch der Bereich des gerichteten Scanning basiert auf der Intuition der Mitarbeiter, die nicht nur die Erfassung der schwachen Signale, sondern auch die Vorbeurteilung ihrer Relevanz vornehmen.[125] Diese intuitiven Fähigkeiten setzen neben Aufklärungsarbeiten und Anreizsystemen auch entsprechende Schulungen voraus, die nicht nur sicherstellen, daß die an der Exploration beteiligten Scanner die für ökologieorientierte Produkt- und Prozeßinnovationen wichtigen Faktoren, sondern auch deren Interdependenzen kennen bzw. ein bereichsübergreifendes Problemverständnis aufweisen. Die Mitarbeiter müssen innerhalb des betrieblichen Bildungssystems durch spezielle Schulungs- und Trainingsprogramme gezielt auf ihre Frühaufklärungsaufgaben vorbereitet bzw. für

---

[124] Vgl. auch *Ulrich Steger*: Umweltmanagement: Erfahrungen und Instrumente einer umweltorientierten Unternehmensstrategie, 2., überarbeitete und erweiterte Auflage, Frankfurt (Main) 1993, S. 351.

[125] Vgl. *Günter Müller-Stewens*: Strategische Suchfeldanalyse, S. 201.

schwache Signale und ihre Interdependenzen sowie für allgemeine Umweltprobleme sensibilisiert werden. Hierunter fallen Informationsveranstaltungen für Mitarbeiter, Umweltleitlinien, Umwelthandbücher, Umweltanweisungen, Informations- und Hinweistafeln, regelmäßige Veröffentlichungen von Artikeln zum Umweltschutz in den Firmenmedien, Einrichtung einer Ansprechstelle für Fragen des Umweltschutzes in einzelnen Fertigungsbereichen sowie parallel zu Qualitätszirkeln die Einführung von Umweltzirkeln.[126]

In den einzelnen Organisationseinheiten wie Planungsabteilungen und Marktforschungsabteilungen sowie in funktionalen Unternehmensbereichen wie Rechnungswesen, Forschung und Entwicklung, Beschaffung, Produktion und Personalabteilung kann das bereits vorhandene spezifische Know-how der Mitarbeiter in den verschiedenen Bereichen aktiviert werden. Beispielsweise können Mitarbeiter des Beschaffungswesens durch ihre engen Kontakte zu Lieferanten und Banken speziell die hierzu in Abschnitt B.II.1 aufgeführten Beobachtungsbereiche nach schwachen Signalen absuchen. Marktforschungsabteilungen wird es mit Unterstützung des betrieblichen Außendienstes ermöglicht, frühzeitig ein verändertes Umweltverhalten der Kunden wahrzunehmen. Der Forschungsabteilung kann die Aufgabe der Erfassung schwacher Signale im technologischen Beobachtungsbereich übertragen werden.

Bei dieser organisatorischen Differenzierung der Früherkennung liegt jedoch der Nachteil darin, daß die einzelnen Organisationseinheiten unter Umständen zu sehr auf den eigenen Aufgabenbereich und damit auf einen zu engen Ausschnitt der Umwelt konzentriert sind. Zudem besteht auch die Gefahr, daß sie mit Früherkennungsaufgaben zu stark belastet werden.[127]

Aus diesem Grund sollten ergänzend Spezialabteilungen eingerichtet werden, die gezielt Informationen aus bestimmten Umweltbereichen einholen, wie die seit längerem etablierten Verbraucherabteilungen. Im allgemeinen kann das Modell der Verbraucherabteilungen, das heute als „Managementsystem mit Früherkennungs- und Frühhandhabungseigenschaften“ gesehen wird, je nach Unternehmenssituation auch in anderen Bereichen angewandt werden.[128] Dies bedeutet, daß für das Unternehmen besonders wichtige

---

126 Die angeführten Maßnahmen zur Schulung von Mitarbeitern wurden entnommen aus *Arno P. Müller*: Umweltgerechte Entsorgung von Produktionsrückständen, in: Fortschrittliche Betriebsführung und Industrial Engineering, 41. Jg. (1992), Nr. 2, S. 79.

127 Vgl. *Klaus-Peter Wiedmann*: Frühwarnung, Früherkennung, Frühaufklärung, S. 54.

128 Zur Verbraucherabteilung als ein Instrument der Frühaufklärung vgl. *Ursula Hansen, Thorsten Raabe* und *Bernd Stauss*: Verbraucherabteilungen als strategische Antwort auf verbraucher- und umweltpolitische Herausforderungen, in: Hans Raffée und Klaus-Peter Wiedmann (Hrsg.): Strategisches Marketing, 2. Auflage, ungekürzte Sonderausgabe, Stuttgart 1989, S. 649 ff.

Umweltausschnitte die Möglichkeit besteht, ähnlich ausgestaltete Abteilungen einzurichten, wie zum Beispiel Ökologieabteilungen, die sich speziell auf die Informationssuche aus dem physisch-ökologischen Umweltbereich konzentrieren.

Speziell für die Funktion des ungerichteten Scanning schlägt Wiedmann die Einrichtung sogenannter Spinnerabteilungen vor, deren Aufgabe darin besteht, schwache Signale zu erfassen über Entwicklungen, „...die vordergründig betrachtet keine Bedeutung für das Unternehmen haben bzw. deren Relevanz bislang nicht erkannt oder falsch beurteilt wurde."[129]

Sowohl Spezial- als auch Spinnerabteilungen haben die Aufgabe, „...die Aufmerksamkeit auf bestimmte Trends bzw. erforderliche Reaktionen zu lenken".[130]

Auch der Aufgabenbereich des sogenannten Umweltschutzbeauftragten im Unternehmen sieht unter dem Aspekt der Früherkennung Tätigkeiten vor. Den eigentlichen „Umweltschutzbeauftragten" gibt es prinzipiell nicht. In den einzelnen Gesetzen wird nur vom „Betriebsbeauftragten für..." gesprochen. Da in den Unternehmen die verschiedenen Funktionen jedoch meist zusammengefaßt werden, hat sich die Bezeichnung „Umweltschutzbeauftragter" eingebürgert. Dieser hat unter anderem folgende Aufgaben zu erfüllen:[131]

1. Überwachung der Einhaltung von umweltrechtlichen Vorschriften, Bedingungen, Rechtsverordnungen und Auflagen.

2. Mitwirkung bei der Entwicklung und Einführung umweltfreundlicher Produkte und Prozesse durch Begutachtung der Verfahren und Erzeugnisse unter dem Aspekt der Umweltfreundlichkeit.

   Dies ist insoweit gewährleistet, daß die Unternehmensleitung vor der Entscheidung über die Einführung neuer Produkte und Prozesse, die für die ökologische Sicherheit bedeutsam sein können, eine Stellungnahme des Umweltschutzbeauftragten einholen muß; werden Vorschläge oder Bedenken des Umweltschutzbeauftragten von der Unternehmensleitung abgelehnt, muß eine umfassende Begründung vorgelegt werden.

---

129 *Klaus-Peter Wiedmann*: Frühwarnung, Früherkennung, Frühaufklärung, S. 58.

130 *ebenda*, S. 89. Wiedmann spricht in diesem Zusammenhang auch von einer „Wachrüttelfunktion" dieser Abteilungen.

131 Vgl. hierzu §§ 53-58 BImSchG, § 21a-21f WHG sowie §§ 54-55 KrW-/AbfG.

3. Jährliche Berichterstattung an die Unternehmensleitung über die Umweltrisiken in der Unternehmung und dagegen getroffene und beabsichtigte Maßnahmen.

4. Aufklärung der Betriebsangehörigen über Umweltrisiken, Maßnahmen und Einrichtungen zur Verhinderung von schädlichen Umweltwirkungen sowie dahingehende Pflichten der Mitarbeiter.

Insbesondere Punkt 4. veranschaulicht, wie bedeutsam die Funktion des Umweltschutzbeauftragten für die Sensibilisierung der Mitarbeiter hinsichtlich allgemeiner Umweltprobleme ist. In der Regel finden sich in der Praxis auch Motivations- und Weiterbildungsmaßnahmen in seinem Aufgabenkatalog. Ihm unterliegt es, die Mitarbeiter unter dem Aspekt des Umweltschutzes in den einzelnen Fertigungsbereichen zu schulen und über mögliche Umweltrisiken aufzuklären. Er sollte auch als Ansprechpartner für individuelle Fragen zum Umweltschutz in den einzelnen Fertigungsbereichen zur Verfügung stehen.

In der Regel steht der Umweltschutzbeauftragte in engem Kontakt zu Behörden und beteiligt sich an der umweltrelevanten Öffentlichkeitsarbeit. Durch seine Verbindungen zu Behörden und Öffentlichkeit hat er unter anderem die Möglichkeit, selbst schwache Signale aufzunehmen und sie bezüglich ihrer Relevanz für die Entwicklung und Einführung umweltgerechter Produkte und Prozesse zu beurteilen.

Die aufgeführten Sensoren müssen – wie in Abbildung B-12 dargestellt – mit der Zentrale für umweltrelevante Innovationen verbunden sein. In dieser Zentrale werden schwache Signale im Hinblick auf ihre ökologische Relevanz für das Unternehmen gesammelt, ausgewertet, dokumentiert und in aufbereiteter Form an die Unternehmensleitung weitergeleitet bzw. für Positionierungszwecke zur Verfügung gestellt.

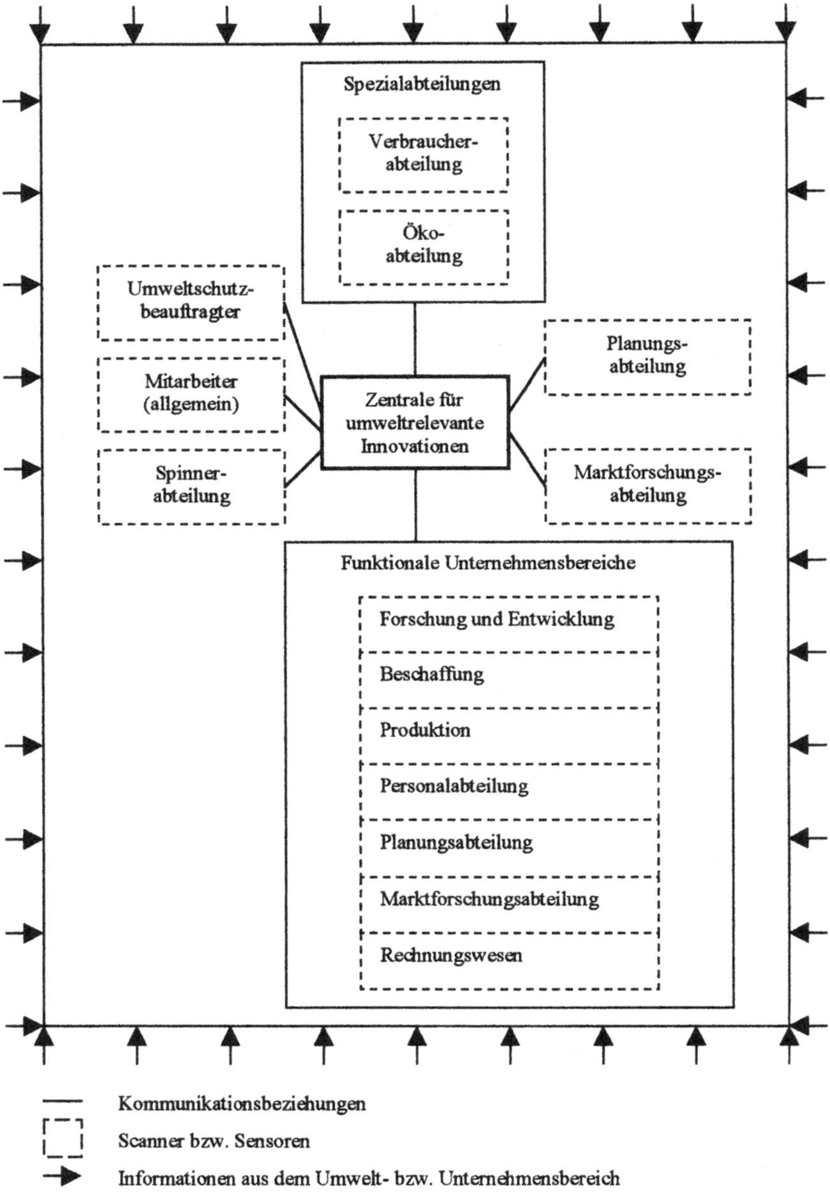

Abb. B-12: Aufbau eines Sensorsystems

Auf Basis von permanent erfaßten neuen schwachen Signale sollten in bestimmten zeitlichen Abständen erneut Positionierungen mit anschließenden Tiefenanalysen vorgenommen werden (Abbildung B-13).

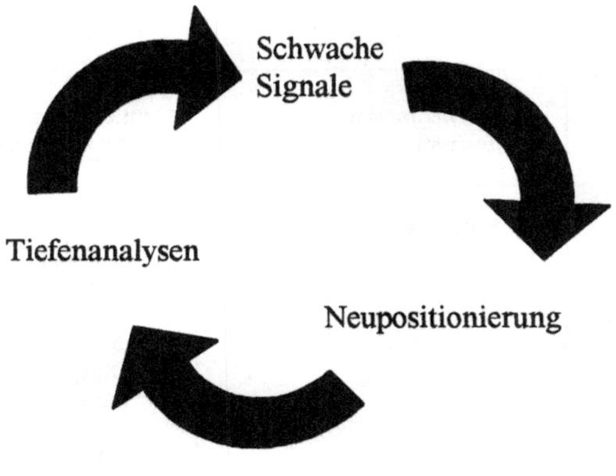

Abb. B-13: Kreislauf der Informationsgewinnung

Der Zweck der Scanning-Aktivitäten besteht darin, das Produkt- und Prozeßprogramm der Unternehmung hinsichtlich ökologischer Probleme sowie ökologisch bedingter Marktchancen zu überwachen. Damit diese Aufgabe erfüllt werden kann, müssen seitens der Zentrale für umweltrelevante Innovationen entsprechende Kriterienkataloge vorbereitet werden, die all diejenigen Kriterien beinhalten, die bereits bei den in Abschnitt B.II.1 definierten Beobachtungsbereichen als relevante Kriterien festgehalten wurden. Nach diesen Katalogen erfolgt die gerichtete Überwachung. Simultan dazu können Vorschläge denkbarer Erfolgskriterien von den Sensoren selbst erarbeitet und die von der Zentrale für umweltrelevante Informationen erstellten Kataloge sukzessive vervollständigt werden.

Unterstützend für das gerichtete Scanning sollten von der Zentrale nach Freigabe der Kriterienkataloge den Scannern auch entsprechende Informationsquellen zur Verfügung gestellt werden. Da der Informationsbedarf durch die jeweiligen unternehmensspezifischen Gegebenheiten bestimmt wird, kann in Tabelle B-5 nur eine Übersicht über mögliche Informationsquellen gegeben werden. Grundsätzlich ist eine Kombination aus mehreren Quellen heranzuziehen. Die Unterscheidung in unternehmensinterne und -externe sowie persönliche und sachliche Informationsquellen erfolgt in Anlehnung an Mauthe.[132]

Tabelle B-5:
Ausgewählte Informationsquellen zum Empfang schwacher Signale

	Unternehmensinterne Informationsquellen	**unternehmensexterne Informationsquellen**
persönliche Informationsquellen	- Mitarbeitergespräche, insbesondere Gespräche mit dem Außendienst - Diskussionsrunden mit wechselnden Teilnehmern	- Kunden - Lieferanten - Banken - Berater, insbesondere aus dem Umweltbereich - Öffentlichkeit - Messen - Fachtagungen - politische Veranstaltungen
sachliche Informationsquellen	- unternehmensinterne Dokumentationen - Umweltberichte - Berichte der verschiedenen Abteilungen - Besuchsberichte des Außendienstes - Versuchsberichte - Betriebliche Abfalldatenbanken - Betriebliche Unfallstatistiken - Betriebsinterne Zeitschriften - Betriebliches Vorschlagswesen	- Fachzeitungen - Fachzeitschriften: Abfallwirtschaft Gefahrgut Recycling Die Ökologie Gefährliche Ladung Entsorga Rohstoff Rundschau etc. - Fachbücher - nationale und internationale Statistiken - Analysen und Publikationen von Wirtschaftsverbänden - Patentämter - Umweltbundesamt - Statistisches Bundesamt - Umweltinstitute - Kontakte zu Hochschulen - Umweltdatenbanken

Während Informationen aus der gerichteten Überwachung meist ohnehin im Zuge der Kriterienkataloge verarbeitet werden, besteht in der ungerichteten Überwachung diesbzgl. noch ein Manko. Aufgabe ist es deshalb, ein Planungs-

132 Vgl. *Karl D. Mauthe*: Strategische Analyse, S. 403.

system zu installieren, das Informationen aufnimmt, zuordnet sowie Konsequenzen prognostiziert und bewertet.

Zur systematischen Erfassung von Frühaufklärungsinformationen, deren Auswertung und Weiterleitung sowie das feed-back für die Mitarbeiter sind geeignete Berichts- und Informationssysteme einzuführen, mit deren Hilfe die Wahrnehmungen als kurze Trendmeldungen oder Abstracts – wie in Tabelle B-6 dargestellt – formuliert werden können.[133] Diese Trendmeldungen bilden dann die Diskussionsgrundlage bei regelmäßigen Zusammenkünften, in denen die Erfolgspotentialrelevanz der schwachen Signale diskutiert wird. Dadurch wird dem Risiko vorgebeugt, von den einzelnen Scannern erkannte schwache Signale zu verlieren.

---

133 Vgl. zu dieser Forderung auch Klaus-Peter Wiedmann: Frühwarnung, Früherkennung, Frühaufklärung, S. 88.

Tabelle B-6:

Trendmeldeformular[134]

Vom Scanner auszufüllen

TRENDMELDUNG	Laufende Nr.: Meldedatum:	Scanner (Abteilung/Name) :

Titel:	Ruck, zuck demontiert	Jahr:	1994
Quelle:	Wirtschaftswoche	Nr.:	20
Autor:	Sietmann, Richard	Seite:	106-109

Zusammenfassung:

Unternehmen denken zunehmend auch an das spätere Recycling ihrer Produkte. Entwicklungsabteilungen werden zu besserer Zerlegbarkeit, geringerer Werkstoffvielfalt, sparsamen Umgang mit Material und günstigen Wiedereinsatz aufbereiteten Altmaterials angehalten. Es ist zu erwarten, daß die Unternehmen in ihren Werbemaßnahmen auf die recycling- und entsorgungsgerechte Konstruktion hinweisen.

Anmerkungen:

Die Bezeichnung „recycling- und entsorgungsgerechte Konstruktion" bezieht sich sowohl auf die Auswahl der Materialien als auch auf die einfache Demontage

Persönliche Bemerkungen zur Bedeutung der Trendmeldung für das Unternehmen:

- Künftig wird auch die Recyclingfähigkeit zu einem entscheidenden Wettbewerbsfaktor werden.
- Kreislaufwirtschaftsgesetz!
- Imagegewinn durch Recyclingfähigkeit

Während der Teamsitzung auszufüllen

Eintrittswahrscheinlichkeit: 0% ●————● 100%	**Eintrittswahrscheinlichkeit:** 0% ●————● 100%
Betroffenheit des Unternehmens: Gering ●————● hoch	**Betroffenheit des Unternehmens:** gering ●————● hoch

Geschätzte Kosten der Trendanpassung:

Entspringt folgenden Umweltbereichen:	**Betrifft folgende Unternehmensbereiche:**
- Politisch-rechtliche Umwelt - Gesellschaftliche Umwelt - Konkurrenten	- Forschungs- und Entwicklungsbereich - Marketingbereich

Trendlandschaft:

134 Aufbau des Formulars in Anlehnung an *Günter Müller*: Strategische Frühaufklärung, S. 218.

Es macht jedoch wenig Sinn, ein schwaches Signal aus dem Umwelt- oder dem Unternehmensbereich mit Hilfe von Formularen zu erfassen und diese für die Positionierung einer strategischen Geschäftseinheit im Ökologieportfolio als „Zettelwirtschaft“ zur Verfügung zu stellen. Für tiefergehende Analysen müssen die schwachen Signale nach deren Erfassung auch entsprechend den Beobachtungsbereichen zugeordnet werden (Tabelle B-7). Dabei ist es durchaus zulässig bzw. wird es nicht ausbleiben, daß ein schwaches Signal mehreren Umwelt- bzw. Unternehmensbereichen zugeordnet wird.[135]

So ist die rechtliche Verordnung der Kreislaufwirtschaft nicht nur der politisch-rechtlichen Umwelt zuzuordnen, sondern auch dem Beobachtungsbereich „Lieferanten“, denn die Lieferanten eines Unternehmens sind genau wie das betrachtete Unternehmen selbst sowohl produkt- als auch prozeßbezogen gezwungen, sich den umweltrechtlichen Verhältnissen anzupassen. Hinsichtlich des ökologiebezogenen Unternehmenspotentials fordert die rechtliche Verordnung der Kreislaufwirtschaft nicht nur den Forschungs- und Entwicklungsbereich eines Unternehmens heraus, sondern wird auch verstärkt den Bereich des Marketing betreffen, denn erst mit Unterstützung des Marketing wird es möglich sein, das im Sinne der Kreislaufwirtschaft ökologisch verbesserte Produkt am Markt zu plazieren.

---

135 Vgl. *Günter Müller*: Strategische Frühaufklärung, S. 171.

Tabelle B-7:
Zuordnungsmatrix schwacher Signale[136]

		Führungs-bereich	Marketing-bereich	F+E-Bereich	Produkt-/Prozeß-bereich
Politisch-rechtliche Umwelt					
Physisch-ökologische Umwelt					
Gesellschaftliche Umwelt					
Technologische Umwelt					
Kunden					
Konkurrenten					
Beschaffungs-märkte	Arbeitsmarkt				
	Finanzmarkt				
	Material- und Betriebsmittel				

Die Zuordnung der Trendmeldungen zu den einzelnen Umwelt- und Unternehmensbereichen hat während der Teamsitzungen zu erfolgen. Sinn und Zweck der Zuordnung der schwachen Signale zu Umwelt- und Unternehmensbereichen ist die Suche nach Merkmalskumulationen.[137] Durch diese Merkmalskumulationen wird deutlich, in welchen Umweltbereichen verstärkt mit „Turbulenzen“ zu rechnen ist und welche Bereiche innerhalb des

---

[136] Vgl. auch *Günter Müller*: Strategische Frühaufklärung, S. 172, wobei Müller jedoch keine Zuordnung Umwelt / Unternehmung vornimmt.

[137] Vgl. hierzu auch die weiterführenden Darstellungen bei *Günter Müller-Stewens*: Strategische Suchfeldanalyse, S. 220 ff. Müller-Stewens diskutiert unter anderem die Möglichkeit, Cluster von Trendmeldungen bzw. „Trendlandschaften“ herauszuarbeiten, „die relativ hohe Gemeinsamkeiten und Abhängigkeiten hinsichtlich der jeweils zusammengefaßten Trendmeldungen aufweisen.“

Unternehmens verstärkt von diesen Turbulenzen in Anspruch genommen werden.

Problematisch ist die Zuordnung der schwachen Signale, die der ungerichteten Überwachung entnommen werden. Eine Zuordnung zu den Umweltbereichen muß hier über ersichtliche Zusammenhänge zu anderen Trendmeldungen erfolgen. Sollten keine Zusammenhänge hergestellt werden können, sind weitere Teamsitzungen anzusetzen bzw. externe Experten zu Rate zu ziehen.

C. Umweltschutz in der Phase der Produktentwicklung – dargestellt am Beispiel der Automobilindustrie

Ist es mittels Portfolio-Analyse gelungen, konkrete ökologische Herausforderungen herauszukristallisieren, gilt es, diese Herausforderungen in ökologieorientierte Produkt- und Prozeßentwicklungen umzusetzen. In diesem Zusammenhang wird nicht immer beachtet, daß isoliert betrachtete Entwicklungstätigkeiten hinsichtlich einzelner ökologischer Aspekte, wie zum Beispiel die Rezyklierfähigkeit oder die Luftbelastung, nicht unbedingt auch ein umweltorientiertes Produkt hervorbringen.

In der Regel bestehen zwischen den einzelnen ökologischen Bereichen Interdependenzen, die bei Nichtbeachten unter Umständen eine Verschlechterung der Gesamtumweltwirkung der jeweiligen strategischen Geschäftseinheiten zur Folge haben. Aus diesem Grund muß die Entwicklungstätigkeit in ein Gesamtkonzept eingebunden sein, das eine ganzheitliche Entwicklung ökologieorientierter Produkte und Verfahren bedingt.

Vor dem Hintergrund neuer Gesetze und Verordnungen zum Umweltschutz, der kritischen Stimmen der Öffentlichkeit sowie knappen Deponiekapazitäten und steigenden Deponierungskosten ergibt sich gerade für die Automobilbranche eine Dimension des Umweltproblems, von dessen Lösung künftig sogar die Akzeptanz des Kraftfahrzeuges abhängen kann.

Jährlich werden über 2 Millionen PKW verschrottet. Diese Menge wird sich aufgrund der in den letzten Jahren gestiegenen Zulassungszahlen weiter erhöhen.[138] Der Bestand an Personenkraftwagen beträgt zur Zeit rund 41

---

138 Vgl. *Bundesministerium für Umwelt, Naturschutz und Reaktorsicherheit* (Hrsg.): Begründung zur Altauto-Verordnung, Bonn 1996, S. 1, sowie *Bundesministerium für Umwelt, Naturschutz und Reaktorsicherheit* (Hrsg.): Aktuell: Die Entsorgung von Altautos: Informationen zur neuen Altauto-Verordnung, Bonn 1998, S. 4. Zur Entwicklung der Zulassungen bzw. Anmeldungen von fabrikneuen Kraftfahrzeugen in den alten Bundesländern und in Deutschland von 1950 bis 1997 vgl. *Kraftfahrt-Bundesamt* (Hrsg.): Statistische Mitteilungen des Kraftfahrt-Bundesamtes, Reihe 1, Heft 2, Flensburg 1998, S. 45. Zur Entwicklung der Löschungen von Kraftfahrzeugen in den alten Bundesländern und in Deutschland von 1950 bis 1997 vgl. *Kraftfahrt-Bundesamt* (Hrsg.): Statistische Mitteilungen des Kraftfahrt-Bundesamtes, Reihe 1, Heft 2, Flensburg 1998, S. 77.

Millionen, wovon ca. 11 Millionen älter als 10 Jahre sind.[139] Schätzungen ergaben, daß vom Jahr 1995 bis zum Jahr 2005 rund 25 Millionen Personenwagen verschrottet werden müssen.[140] Hierbei stellen vor allem die im Jahr ca. 500.000 t schadstoffhaltigen, nicht verwertbaren Rückstände aus dem Shredderprozeß ein Problem dar.[141] Dies ist ein Anteil von etwa 1,4% am jährlichen Aufkommen an Haus- und Gewerbemüll.[142] Unberücksichtigt bleiben dabei die bei Kraftfahrzeugherstellung und -gebrauch entstehenden Rückstände.

Im Zusammenhang mit dem Kraftfahrzeug darf jedoch nicht nur das Rückstandsproblem diskutiert werden. Kritisch betrachtet werden müssen auch die durch Kraftfahrzeuge verursachten ökologischen Auswirkungen. Häufig werden in Untersuchungen lediglich die Schädigungen der Umwelt während der Gebrauchsphase eines Kraftfahrzeuges untersucht. Von Bedeutung ist jedoch die ökologische Schädigung über den gesamten Lebenszyklus von der Herstellung bis zur Entsorgung eines Kraftfahrzeuges.[143]

Die in den vergangenen Jahren erlassenen Gesetze und Verordnungen machten gerade in der Automobilindustrie eine Umorientierung erforderlich. Es wurden verstärkt Teilprobleme angegangen wie beispielsweise der verminderte Kraftstoffverbrauch sowie die verbesserte Rezyklierfähigkeit bestimmter Bauteile. Jedoch wurde eine holistische Betrachtung des Problems weitestgehend vernachlässigt.

---

139 Vgl. hierzu *Kraftfahrt-Bundesamt* (Hrsg.): Statistische Mitteilungen des Kraftfahrt-Bundesamtes, Reihe 2, 1. Juli 1997, S. 142.

140 Vgl. *Wolfgang Wirtz* und *Franz Rother*: Autoverwertung: Handliche Pakete, in: Wirtschaftswoche, 48. Jg. (1994), Nr. 20, S. 112.

141 Vgl. *Bundesministerium für Umwelt, Naturschutz und Reaktorsicherheit* (Hrsg.): Begründung zur Altauto-Verordnung, S. 2. Eine neuere Untersuchung gibt den Shredderrückstand pro PKW – ausgehend von einem durchschnittlichen Mittelklassewagen – mit 200 kg pro PKW an. Vgl. *Dieter Teufel, Petra Bauer, Rainer Lippold, Sabine Braunfeld* und *Kurt Schmitt*: Öko-Bilanzen von Fahrzeugen, in: UPI Umwelt- und Prognose-Institut Heidelberg e.V. (Hrsg.): UPI-Bericht Nr. 25, 5. Auflage, Juni 1997, S. 5.

142 Vgl. *o.V.*: Wertvolle Erkenntnisse, in: Umwelt Magazin, 21. Jg. (1992), Nr. 9, S. 58.

143 In der Untersuchung von *Dieter Teufel, Petra Bauer, Rainer Lippold, Sabine Braunfeld* und *Kurt Schmitt*: Öko-Bilanzen von Fahrzeugen, wird die ökologische Schädigung je Einheit Personenkraftwagen über den gesamten Lebenszyklus aufgezeigt.

I. Ganzheitliche Beurteilung umweltorientierter Produktentwicklungen

In der Praxis hat sich gezeigt, daß das gesamte Leistungs- und Kostenprofil eines Produktes bereits zu mehr als zwei Drittel durch seine Konstruktion festgelegt wird. Nur unerhebliche Anteile der Produkteigenschaften und Kosten können danach – mittels verbesserter Herstellverfahren oder durch sachgemäßen Gebrauch – günstig beeinflußt werden. Diese Erkenntnis läßt sich auch auf den Bereich des Umweltschutzes transferieren. Hier manifestiert sich der Lehrsatz insbesondere in den Eigenschaften eines Produktes hinsichtlich Belastung der Umwelt, Demontage- bzw. Recyclingfähigkeit und Entsorgungsmöglichkeiten sowie der dafür anfallenden Kosten, die durch die Konstruktion eines Produktes mitbestimmt werden.[144]

Die Kosten für eine umweltgerechte Entsorgung durch weitestmögliches Recycling sowie die Kosten für eine Reduktion der Umweltbelastung werden in der Automobilbranche bei einem Fortschreiten der allgemein vorhandenen Sensibilität für Umweltschutz einen immer höheren Anteil an den Produktgesamtkosten ausmachen. Durch Mehrkosten in der Produktion sowie konstruktive Maßnahmen dürften erhebliche Verringerungen an Recycling- und Entsorgungskosten erzielbar sein.

Ein Unternehmen der Automobilbranche, das die Strategie „Investition in ökologieorientierte Produkt- und Prozeßinnovation“ verfolgt, muß die umweltorientierte Produktentwicklung als zentralen Bestandteil der Entwicklungsphase betrachten. Die ökologieorientierte Produktentwicklung wird in vorliegender Arbeit hinsichtlich zweier Aspekte untersucht:

---

144 Vgl. *Heinz Strebel, Erich J. Schwarz* und *Michaela M. Schwarz*: Externes Recycling im Produktionsbetrieb, S. 40. „Recyclinggerechtes Konstruieren läßt sich charakterisieren als gedankliche Vorausbestimmung eines Erzeugnisses, das den Anforderungen geschlossener Stoffkreisläufe ohne Einschränkung der geforderten Funktionserfüllung gerecht wird. Es dient zur Minimierung des Aufwandes zur Verwertung entstehender Produktionsabfälle sowie der Weiternutzung des Erzeugnisses und/oder seiner stofflichen Bestandteile nach bestimmungsgemäßem Gebrauch.“ *Eberhard Garbe* und *Dietmar Salomon*: Recyclinggerechtes Konstruieren – Erfordernis moderner Produktgestaltung, in: VDI-Z 131 (1989), Nr. 4, S. 79.

1. Weitestgehend geschlossene Stoffkreislaufführung,[145]
2. Reduktion negativer ökologischer Auswirkungen der Produkte bzw. Prozesse auf die Umwelt.

Soweit die Hersteller auf Umweltschutz verzichten können, vollzieht sich die Umweltbelastung bei der Produktion, beim Gebrauch sowie bei der Beseitigung der Kraftfahrzeuge bzw. der Kraftfahrzeugkomponenten. Die umweltorientierte Produktentwicklung darf sich folglich nicht nur auf eine Phase im Produktlebenszyklus konzentrieren, sondern muß den Produktlebenszyklus in seiner Gesamtheit optimieren. Es ist somit nicht ausreichend, die beiden Aspekte „geschlossene Kreislaufführung" und „Reduktion negativer ökologischer Auswirkungen" nur bei der Herstellung zu verfolgen. Im Sinne einer ökologischen Produktentwicklung ist der gesamte Lebenszyklus eines Produktes – also auch dessen Gebrauch und Entsorgung – von der Unternehmung zu verantworten.[146]

Das am 06. Oktober 1996 in Kraft getretene Kreislaufwirtschafts- und Abfallgesetz (KrW-/AbfG) unterstützt die Forderung nach einer *weitestgehend geschlossenen Stoffkreislaufführung* und sieht hierin auch den Ansatzpunkt zur Lösung des Umweltproblems in der Automobilbranche.[147]

Die umweltfreundliche Produktgestaltung im Sinne des KrW-/AbfG manifestiert sich in den zwei Zielen Rückstandsvermeidung und Rückstandsverwertung. Als Maßnahmen zur Vermeidung von Abfällen im Handlungsbereich der Hersteller werden in § 4 Absatz 2 KrW-/AbfG die

---

145 Unter Kreislaufführung wird die Rückführung von Rückständen aus Produktion und Konsumtion in einen erneuten Produktionsprozeß verstanden. Je mehr Rückstände aus Produktion und Konsumtion in den Produktionsprozeß zurückgeführt werden, desto höher ist der Grad der Geschlossenheit des Stoffkreislaufs. Vgl. auch *Eberhard Garbe*: Ökonomische Einflußnahme auf die Herausbildung geschlossener Stoffkreisläufe, in: Hartmut Kreikebaum (Hrsg.): Integrierter Umweltschutz: eine Herausforderung an das Innovationsmanagement, 2., erweiterte Aufl., Wiesbaden 1992, S. 122.

146 Das ursprüngliche Konzept des Produktlebenszyklus umfaßte lediglich die Phasen des Marktzyklus. Durch die im Zuge des Wettbewerbsdrucks steigende Bedeutung von Innovationen wurde das Konzept des Lebenszyklus auch auf die Entwicklungsphase ausgedehnt. Zum Konzept des Produktlebenszyklus vgl. auch *Peter Milling*: Diffusionstheorie und Innovationsmanagement, S. 49 ff. Mit zunehmender Diskussion der Umweltproblematik wurde das Lebenszykluskonzept auch auf die Gebrauchs- und Entsorgungsphase ausgedehnt. Vgl. *Peter Milling*: Integrierter Umweltschutz in der Industrie, S. 179.

147 Grundsätzlich wird die Umwelt jedoch auch bei der Kreislaufführung durch Energieaufwendung und Schadstoffbelastung bei Sammlung, Transport, Lagerung sowie Be- und Verarbeitung belastet.

anlageninterne Kreislaufführung sowie die abfallarme Produktgestaltung angeführt.[148]

Unter den Aspekt der stofflichen Rückstandsverwertung fallen nach § 4 Absatz 3 KrW-/AbfG „...die Substitution von Rohstoffen durch das Gewinnen von Stoffen aus Abfällen (sekundäre Rohstoffe) oder die Nutzung der stofflichen Eigenschaften der Abfälle für den ursprünglichen Zweck oder für andere Zwecke...".[149] Die Rezyklierung der Reststoffe hat positive Auswirkungen sowohl auf der Input- als auch auf der Outputseite. Zum einen werden durch das Recycling die natürlichen Ressourcen geschont; statt Primärrohstoffe kommen Sekundärrohstoffe zum Einsatz. Darüber hinaus wird je nach Wiedergewinnungsrate die natürliche Umwelt entlastet, da die Emission von Rückständen in die Umweltmedien reduziert wird.

Die Forderung nach Rückstandsvermeidung und -verwertung konkretisiert sich in der gesetzlich festgelegten Produktverantwortung nach § 22 Absatz 1 KrW-/AbfG. Danach „...sind Erzeugnisse möglichst so zu gestalten, daß bei deren Herstellung und Gebrauch das Entstehen von Abfällen vermindert wird und die umweltverträgliche Verwertung und Beseitigung der nach deren Gebrauch entstandenen Abfälle sichergestellt ist." Dies wird von all denen gefordert, die Produkte entwickeln, herstellen, be- und verarbeiten oder vertreiben. Folgende Punkte der in § 22 Absatz 2 KrW-/AbfG aufgelisteten Aspekte der Produktverantwortung müssen von Unternehmen der Automobilbranche, die die Strategie der ökologieorientierten Produkt- und Prozeßinnovation verfolgen, in der Phase der Produktentwicklung berücksichtigt werden:

- „...die Entwicklung, Herstellung und das Inverkehrbringen von Erzeugnissen, die mehrfach verwendbar, technisch langlebig und nach Gebrauch zur ordnungsgemäßen und schadlosen Verwertung und umweltverträglichen Beseitigung geeignet sind," sowie

---

148 Nach allgemeiner Auffassung wird unter dem Begriff der Vermeidung verstanden, daß eine mit Nachteilen verbundene Handlung grundsätzlich unterlassen wird. In § 4 Absatz 2 KrW-/AbfG wird jedoch die Abfallvermeidung mit dem Begriff der Abfallverminderung gleichgesetzt. Damit wird akzeptiert, daß es heute noch nicht realisierbar ist, die Umwelt im Zuge der industriellen Produktion nicht zu belasten. Die Belastung kann lediglich nach dem jeweiligen Stand der Technik weitestmöglich reduziert werden. Auch in der Literatur hat sich der geläufigere Begriff der Abfallvermeidung durchgesetzt. Vgl. *Der Rat von Sachverständigen für Umweltfragen* (1991): Abfallwirtschaft: Sondergutachten September 1990, S. 198 (Rdnr. 668), sowie *Hermann Müller*: Industrielle Abfallbewältigung: Entscheidungsprobleme aus betriebswirtschaftlicher Sicht, Wiesbaden 1991, zugl. Univ., Diss., Bochum 1990, S. 43.

149 Das Kreislaufwirtschafts- und Abfallgesetz differenziert die Verwertung in stoffliche und energetische Verwertung. In vorliegender Arbeit wird jedoch nur die stoffliche Verwertung betrachtet, da sie die größere Herausforderung darstellt. Im Zuge der energetischen Verwertung werden die Abfälle als Ersatzbrennstoffe eingesetzt. Vgl. § 4 Absatz 4 KrW-/AbfG.

- „...der vorrangige Einsatz von verwertbaren Abfällen oder sekundären Rohstoffen bei der Herstellung von Erzeugnissen."

Die Einhaltung dieser Forderungen muß vor allem im Hinblick auf § 23 Ziffer 2 KrW-/AbfG gewährleistet sein, wonach „...bestimmte Erzeugnisse überhaupt nicht in Verkehr gebracht werden dürfen, wenn bei ihrer Entsorgung die Freisetzung schädlicher Stoffe nicht oder nur mit unverhältnismäßig hohem Aufwand verhindert werden könnte oder die umweltverträgliche Entsorgung nicht auf andere Weise sichergestellt werden kann". In § 23 Ziffer 2 kommt damit deutlich zum Ausdruck, daß die Einbeziehung des Umweltschutzgedankens in die Phase der Produktentwicklung – die abfallwirtschaftliche Produktverantwortung und die umweltverträgliche Entsorgung – ein wichtiger Faktor für Unternehmen der Automobilbranche ist, um jetzige und auch zukünftige gesetzliche Auflagen zu erfüllen und damit „marktfähig" zu bleiben.

Zur Umsetzung des KrW-/AbfG wird bei der Konkretisierung der Produktverantwortung im Sinne des § 22 Absatz 1 KrW-/AbfG für Altautos der Selbstverpflichtung der Automobilwirtschaft Vorrang eingeräumt. Gleichzeitig wird jedoch die notwendige Verordnung – sozusagen auf Vorrat – vorbereitet, falls eine eigenverantwortliche Lösung scheitert. Mit der Altauto-Verordnung wird das Ziel verfolgt, die Verwertung von Abfällen aus der Altautoentsorgung zu erhöhen sowie die Menge der problematischen Shredderabfälle zu reduzieren.

Die Selbstverpflichtung der Automobilindustrie sowie der maßgeblichen Wirtschaftszweige der Zulieferindustrien, des Autoteilehandels und der Altautoentsorgung umfaßt insbesondere den Auf- und Ausbau eines flächendeckenden Rücknahme- und Verwertungssystems für Altautos und Altautoteile sowie steigende Verwertungsquoten durch konstruktive und produktionstechnische Maßnahmen beim Automobilhersteller.[150]

Eine weitestgehend geschlossene Stoffkreislaufführung ist nicht das alleinige Ziel der umweltorientierten Produktentwicklung. Ein weiterer wichtiger Aspekt ist die *Reduktion negativer ökologischer Auswirkungen der Produkte bzw. Prozesse auf die Umwelt.* Zur Beurteilung eines Produktes

150 Zu konkreten Angaben über Verwertungsquoten vgl. *Freiwillige Selbstverpflichtung zur umweltgerechten Altautoverwertung* (PKW) im Rahmen des Kreislaufwirtschaftsgesetzes vom 21.02.1996, Punkt 3.4.

hinsichtlich seiner ökologischen Auswirkungen werden in vorliegender Arbeit folgende Kriterien herangezogen:[151]

- Belastung der Umweltmedien,
  - Bodenverschmutzung und -schädigung,
  - Wasserverschmutzung,
  - Luftverschmutzung,
- Lärm,
- Energieverbrauch.

Ein wichtiger Teilaspekt bei der Beurteilung eines Produktes hinsichtlich seiner ökologischen Auswirkungen ist die vom Produkt ausgehende Belastung der Umweltmedien Boden, Wasser und Luft durch Schadstoffemissionen.[152] Die Umweltmedien stellen sowohl Transport- als auch Speichermedium für Schadstoffe dar.

Die Luft dient überwiegend als Transportmedium für Schadstoffe, die letztendlich in Wasser und Boden eingebracht werden. Die atmosphärische Luft ist ein Gasgemisch, das sich im trockenen Zustand zusammensetzt aus 78% Stickstoff, 21% Sauerstoff, 0,93% Edelgasen, 0,03% Kohlendioxid sowie aus Spuren weiterer Gase. Die Erdatmosphäre ist Voraussetzung für den Ablauf biologischer Prozesse und bildet den Wärmeschutz der Erde. Bei einer Beeinträchtigung der Erdatmosphäre sind diese Voraussetzungen nicht mehr gewährleistet. Nach § 3 Absatz 4 BImSchG werden Luftverunreinigungen definiert als „...Veränderungen der natürlichen Zusammensetzung der Luft, insbesondere durch Rauch, Ruß, Staub, Gase, Aerosole, Dämpfe oder Geruchsstoffe." Insbesondere kritisch zu betrachten ist der durch die CO_2-Emissionen verursachte Treibhauseffekt.[153] Kohlendioxid ist mit 50% Anteil am Treibhauseffekt das bedeutendste Treibhausgas. Weitere Gase mit hohem

---

[151] In Anlehnung an *Kommission der Europäischen Gemeinschaften* (1996): Vorschlag für eine Verordnung (EG) des Rates zur Revision des gemeinschaftlichen Systems zur Vergabe eines Umweltzeichens, Anhang I.

[152] In § 325 Absatz 4 StGB werden Schadstoffe definiert als „...Stoffe, die geeignet sind,

1. die Gesundheit eines anderen, Tiere, Pflanzen oder anderen Sachen von bedeutendem Wert zu schädigen oder
2. nachhaltig ein Gewässer, die Luft oder den Boden zu verunreinigen oder sonst nachteilig zu verändern."

[153] Vgl. zu Gesamtemissionen des Systems Kfz-Verkehr *Dieter Teufel, Petra Bauer, Rainer Lippold, Sabine Braunfeld* und *Kurt Schmitt*: Öko-Bilanzen von Fahrzeugen, S. 9.

Treibhauspotential sind Methan, Fluorkohlenwasserstoffe, Distickoxid und Ozon.[154]

Der Einsatz von Wasser ist für viele industrielle Vorgänge in der Automobilproduktion – wie beispielsweise für Reinigungs- und Kühlvorgänge – unverzichtbar. Das Umweltmedium Wasser wird in den nachfolgenden Ausführungen hinsichtlich zweier Aspekte betrachtet. Zum einen wird die Reduktion des Wasserverbrauchs während der Herstellung, zum anderen die Verringerung der Belastung des Umweltmediums Wasser durch industrielle Abwässer diskutiert.

Der Boden dient überwiegend als Speichermedium für Schadstoffe. Zusätzlich zur Belastung mit festen Abfällen und anderen direkten Schadstoffeintragungen wird dieses Umweltmedium auch durch indirekte Schadstoffimmissionen belastet, die über die Luft oder das Wasser in den Boden gelangen. Der Boden wurde lange Zeit „vernachlässigt" und erst mit dem Bundes-Bodenschutzgesetz vom März 1998, das vorbeugenden Bodenschutz und die Altlastensanierung zusammenführt, besonderem bundesrechtlichen Schutz unterstellt.[155]

Auch die Belastung der Umwelt durch Lärm stellt ein Kriterium der ökologischen Produktbeurteilung dar. Schallwellen werden durch Erschütterung der Luft hervorgerufen. In einem bestimmten Frequenzbereich werden sie vom menschlichen Ohr als Schall wahrgenommen. Lärm ist Schall, der als störend (gefährdend, benachteiligend oder belästigend) empfunden wird.[156]

Lärm kann den Schlaf, die Erholung und Entspannung sowie die Kommunikation beeinträchtigen und sich negativ auf das Wohn- und Sozialverhalten auswirken. Er kann jedoch auch vegetative Reaktionen beim Menschen bewirken und Einfluß haben auf den Kreislauf, die Atmung, die Muskelspannung, auf die Funktionen des Magen-Darm-Kanals sowie auf die endokrinen Drüsen. Schlimmstenfalls kann durch Lärm eine Schädigung des Hörsystems hervorgerufen werden.[157]

---

[154] Zum anthropogenen Treibhauseffekt vgl. *Volker Quaschning*: Regenerative Energiesysteme: Technologie – Berechnung – Simulation, München 1998, S. 12 ff.

[155] In der Bundesrepublik Deutschland sind ca. 190.000 „Altlastenverdachtsflächen" dokumentiert. Vgl. *Bundesministerium für Umwelt, Naturschutz und Reaktorsicherheit* (Hrsg.): Aktuell: Schutz des Bodens: Das Bundes-Bodenschutzgesetz, Bonn 04/1998, S. 5.

[156] Vgl. TA Lärm Rdnr. 211.

[157] Zu möglichen Wirkungen des Lärms auf den Menschen vgl. ausführlich *Verein Deutscher Ingenieure*: Wirkungen von Verkehrsgeräuschen, VDI-Richtlinie 3722, Düsseldorf 1988, S. 3 ff.

Ein weiterer wichtiger Aspekt bei der Beurteilung eines Produktes hinsichtlich seiner ökologischen Auswirkungen ist der Energieverbrauch. Aus Sicht einer ökologieorientierten Produktentwicklung müssen Produkte derart gestaltet werden, daß – bezogen auf alle Lebensphasen – möglichst wenig Energie eingesetzt werden muß bzw. der Bedarf an Energie aus der Nutzung regenerierbarer Energieträger gedeckt wird.

Natürliche Systeme beziehen Energie von der Sonne. Die Wirkungsgrade sind dabei sehr gering. Allerdings stellt sich für natürliche Systeme mit der Sonne als Primärenergielieferant nicht das Problem der Energieverknappung. Die menschlichen Zivilisationssysteme bauen dagegen zum weitaus überwiegenden Teil auf erschöpflichen Energiequellen auf, wie zum Beispiel Erdöl, Erdgas, Kohle und Uran. Nur ein geringer Teil entfällt auf regenerierbare Energien wie Solarenergie, Wasserkraft, Windkraft und Biomasse.[158] Die menschliche Energienutzung erfolgt zwar mit einem sehr viel höheren Wirkungsgrad als in biologischen Systemen, jedoch besteht hier das Problem der Verknappung der genutzten Energiequellen.[159] Gründe hierfür sind die Nicht-Regenerierbarkeit der genutzten Energiequellen sowie steigender Energieverbrauch.[160] Der Einsatz von Energie spielt damit bei Fragen der Umweltbelastung eine bedeutende Rolle.

Ein Automobilhersteller ist bei der Realisierung der beiden Aspekte „weitestgehend geschlossene Stoffkreislaufführung" sowie „Reduktion negativer ökologischer Auswirkungen der Produkte bzw. Prozesse auf die Umwelt" auf die Mitarbeit und vor allem auf das Know-how seiner Marktpartner angewiesen.

Durch die Zusammenarbeit mit Rohstoffanbietern und Zulieferern kann der umweltschädigende Input von Stoffen und Energien vermindert bzw. vermieden werden. Auf der outputorientierten Seite dagegen besteht das Ziel darin, durch eine Zusammenarbeit mit Recycling- und Entsorgungsunternehmen die Art und Menge des unerwünschten Outputs aus Produktion

---

158 Der Primärenergieverbrauch wird in Deutschland mit weniger als 2% aus regenerativen Energiequellen gedeckt, wobei 0,8% davon auf die Wasserkraft entfällt. Der Rest stammt überwiegend aus Holz. Vgl. *Martin Kaltschnitt*: Stand und Perspektiven regenerativer Energien in Deutschland – Potentiale, Nutzung, Kosten, Umwelteffekte, in: VDI (Hrsg.): Regenerative Energieanlagen erfolgreich planen und betreiben, VDI-Bericht Nr. 1236, Düsseldorf 1996, S. 7.

159 Zu einem kurzen Überblick über die Entwicklung des Weltenergieverbrauchs, die Entwicklung des Energieverbrauchs in Deutschland sowie die Reichweite konventioneller (fossiler wie atomarer) Energieträger vgl. *Volker Quaschning*: Regenerative Energiesysteme, S. 6 ff.

160 Zur Gegenüberstellung der Energienutzung natürlicher Systeme und menschlicher Zivilisationssysteme vgl. *Reinhold Priewasser*: Ökologische Funktionsprinzipien als Orientierungshilfe für wirtschaftliches Handeln, in: Herbert Wegscheider (Hrsg.): Ökologische Wirtschaft: Probleme und Lösungsansätze einer umweltgerechten Wirtschaftsweise aus der Sicht verschiedener Wissenschaftsdisziplinen, Frankfurt (Main) 1984, S. 88 ff.

und Konsumtion zu beeinflussen. Weitere wichtige Marktpartner für den Automobilhersteller sind Handels- und Werkstattbetriebe sowie Umweltschutzinstitutionen, die sowohl input- als auch outputorientiert ihren Beitrag leisten.

Abbildung C-1 zeigt das Problem der umweltorientierten Produktentwicklung hinsichtlich der beiden Aspekte „weitestgehend geschlossene Stoffkreislaufführung“ sowie „Reduktion negativer ökologischer Auswirkungen der Produkte bzw. Prozesse auf die Umwelt“ über den gesamten Produktlebenszyklus sowie die Schnittstellen des Automobilherstellers zu seinen Marktpartnern.[161]

[161] In Anlehnung an *Peter Milling*: Integrierter Umweltschutz in der Industrie, S. 184.

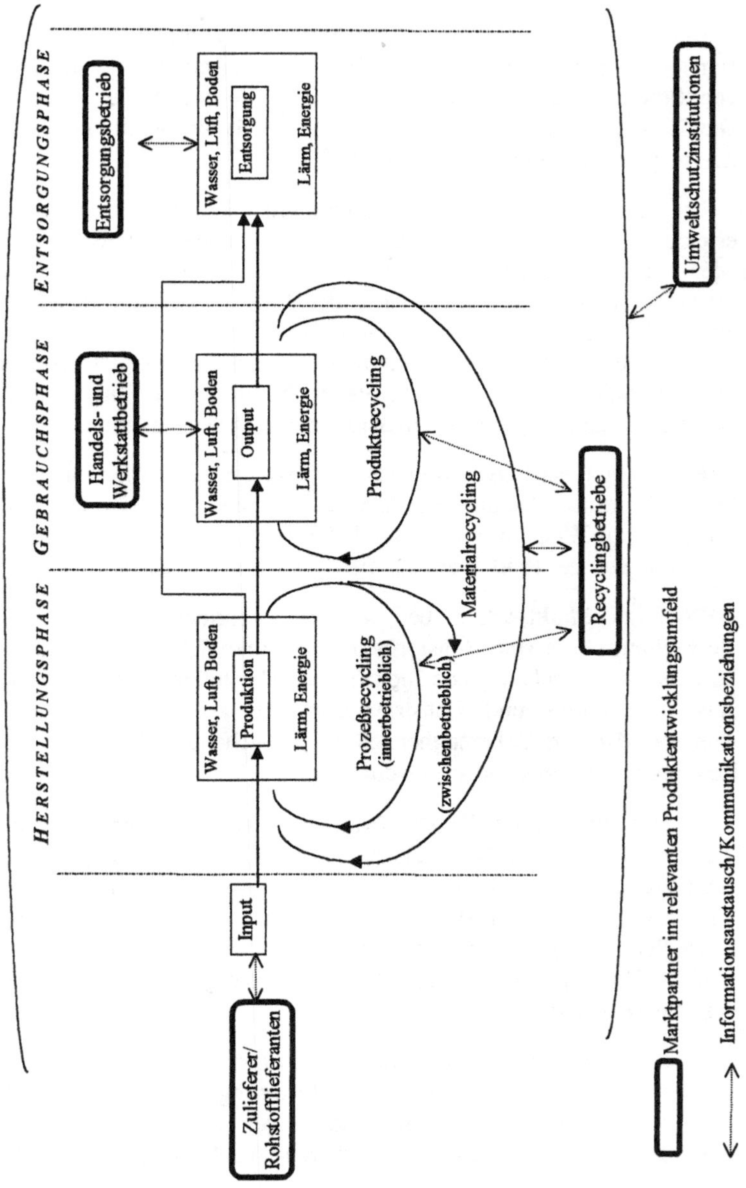

Abb. C-1: Kreislaufführung und Reduktion der Umweltbelastung als Ziele der Produktentwicklung

Der Prozeßkreislauf bzw. das Prozeßrecycling bezieht sich auf die Herstellungsphase eines Produktes.[162] Prozeßrecycling „...ist die Rückführung von Produktionsabfällen sowie Hilfs- und Betriebsstoffen nach oder ohne Durchlauf eines Behandlungsprozesses – das heißt Aufarbeitungsprozesses – in einen neuen Produktionsprozeß...".[163]

Um einen hohen Grad an Geschlossenheit des Prozeßkreislaufs zu erreichen, müssen Fertigungsverfahren zum Einsatz kommen, bei denen kein oder wenig Produktionsrückstand entsteht. Rückstände, die sich nicht vermeiden lassen, werden wieder in den Kreislauf zurückgeführt bzw. gehen erneut in die eigene (innerbetriebliches Recycling) oder fremde (extrabetriebliches Recycling) Produktion ein. Diese Forderungen bestehen sowohl für Materialrückstände an sich als auch für die im Zuge der jeweiligen Fertigungstechnologie erforderlichen Hilfs- und Betriebsstoffe.

Hinsichtlich der Reduktion negativer ökologischer Auswirkungen bietet der Markt für Umwelttechnik gerade in der Herstellungsphase eine Vielzahl an Lösungen zur Reduktion der Lärmbelastung und des Energieeinsatzes sowie der direkt von der Produktion auf die Umweltmedien ausgehenden Belastung.

Wichtige Marktpartner bei der ökologieorientierten Optimierung der Herstellungsphase sind Rohstofflieferanten und Zulieferer, mit deren Know-how der umweltschädigende Input in den Herstellungsprozeß reduziert wird, sowie Recycling- und Entsorgungsbetriebe zur Sicherstellung, daß die während der Kraftfahrzeugherstellung entstehenden Rückstände rezykliert bzw. ordnungsgemäß entsorgt werden.

Vor Inkrafttreten des Kreislaufwirtschafts- und Abfallgesetzes existierte für die Hersteller kein Anlaß, kreislauffähige Produkte herzustellen. Der bei der Herstellung entstandene Output – das fertige Produkt – verließ mit der Abgabe an den Handel bzw. an den Endverbraucher den Verantwortungsbereich des Herstellers. Folglich profitierten die Kraftfahrzeughersteller von der Kreislaufführung während der Herstellung lediglich hinsichtlich Reduktion der Material- und Entsorgungskosten.

Doch mit Inkrafttreten des Kreislaufwirtschafts- und Abfallgesetzes am 06. Oktober 1996 erweiterte sich der Verantwortungsbereich des Herstellers auch auf die Ge- und Verbrauchsphase sowie die Entsorgungsphase eines Produktes. Daraus entsteht die Forderung nach einer Produktlebensdauer-

---

[162] Vielfach wird hier statt des Begriffs „Prozeßrecycling" auch der Begriff des „Produktionsabfallrecycling" verwendet.

[163] Vgl. *Verein Deutscher Ingenieure*: Konstruieren recyclinggerechter technischer Produkte, VDI-Richtlinie 2243 (Entwurf), Düsseldorf 1991, S. 5.

verlängerung bzw. die Forderung, das eigentliche Produkt ebenfalls einem Kreislauf zu unterstellen – dem Produktkreislauf. Produktrecycling ist „...die Rückführung von gebrauchten Produkten nach oder ohne Durchlauf eines Behandlungsprozesses – zum Beispiel Aufarbeitungsprozesses – in ein neues Gebrauchsstadium...".[164]

Voraussetzung zur Erreichung dieses Ziels ist eine recyclinggerechte Konstruktion des Produktes. Das Produktrecycling sollte so oft wie technisch möglich bzw. wirtschaftlich gerechtfertigt durchlaufen werden. Allerdings ist durch das Produktrecycling nicht unbedingt eine geringere Umweltbelastung als bei der Neuproduktion gewährleistet, da auch im Zuge der Aufarbeitungsprozesse die Umwelt genau wie beim eigentlichen Herstellungsprozeß belastet wird.

Gleichzeitig ergibt sich mit der Erweiterung des Verantwortungsbereiches der Hersteller auch die Auflage, die Umweltbelastung beim Gebrauch des Kraftfahrzeuges beispielsweise durch den Einsatz alternativer Antriebe zu reduzieren.

Wichtige Marktpartner in der Gebrauchsphase des Kraftfahrzeuges sind Handels- und Werkstattbetriebe, insbesondere hinsichtlich Lebensdauerverlängerung sowie Erhalt des umweltgerechten Kraftfahrzeugbetriebes.

Ist es nicht mehr möglich, eine Kraftfahrzeugkomponente einem weiteren Produktrecycling zu unterziehen, so muß in einem dritten Kreislauf – dem Materialkreislauf – die Möglichkeit bestehen, die im Produkt eingebundenen Materialien zurückzugewinnen, um sie nach entsprechender Aufbereitung als Sekundärrohstoff erneut der Produktion zuzuführen. Materialrecycling ist die „...Rückführung von verbrauchten Produkten bzw. Altstoffen nach oder ohne Durchlauf eines Behandlungsprozesses – das heißt Aufbereitungsprozesses – in einen neuen Produktionsprozeß...".[165]

Aufgrund des Ersten Hauptsatzes der Thermodynamik ist eine totale Kreislaufführung jedoch nicht möglich. Darüber hinaus sind nicht alle Rückstände rezyklierbar wie zum Beispiel Verbundstoffe oder vermischte Lösungsmittel. Folglich muß auch der Aspekt der Entsorgung bereits bei der Produktentwicklung berücksichtigt werden. Dabei muß sichergestellt sein, daß im Zuge einer anschließenden Entsorgung die Umwelt so wenig wie möglich belastet wird. Wichtige Marktpartner zur Lösung dieses Problems sind

---

164 Vgl. *Verein Deutscher Ingenieure*: Konstruieren recyclinggerechter technischer Produkte, S. 4 f.

165 Vgl. *ebenda*, S. 5.

Entsorgungsbetriebe, deren Erfahrung sowohl einen produkt- als auch einen kostenbezogenen Beitrag für die Produktentwicklung leisten kann.

II. Einflußnahme auf ökologierelevante Auswirkungen des Kraftfahrzeuges während der Herstellungsphase

Im Gegensatz zur Gebrauchs- und Entsorgungsphase bietet die Herstellungsphase für die Automobilproduzenten ein besonders hohes Potential zur Umweltentlastung, sowohl hinsichtlich der Stoffkreislaufführung als auch hinsichtlich der Verringerung negativer ökologischer Auswirkungen.

In der Gebrauchsphase sind die umweltrelevanten Auswirkungen der Kraftfahrzeuge oder der Kraftfahrzeugkomponenten auch vom Gebrauchsverhalten der Nutzer sowie von der Sorgfalt der Werkstätten abhängig. Auch die Auswirkungen in der Entsorgungsphase werden durch das Verhalten der Marktpartner – im wesentlichen das Verhalten von Recycling- und Entsorgungsunternehmen – mitbeeinflußt. Werden zum Beispiel die Anlagen der Reyclingunternehmen nicht regelmäßig gewartet, kann dies unter Umständen zu erhöhten Umweltbelastungen führen, die die ökologieorientierten Bemühungen der Hersteller wieder kompensieren. In der Herstellungsphase dagegen werden die umweltrelevanten Auswirkungen größtenteils allein vom Hersteller bestimmt.

1. Möglichkeiten des Prozeßrecycling

Es ist in der Regel nicht möglich, eine „Null-Abfall-Produktion" aufzustellen, da fast alle Leistungsprozesse außer den gewünschten Leistungen aus naturgesetzlich-technischen Gegebenheiten auch nicht erwünschte, aus dem Prozeß zwangsläufig resultierende Nebenleistungen hervorbringen.[166] Bei vorliegender Problemstellung geht es jedoch nicht so sehr darum, möglichst wenig Rückstände zu produzieren, sondern vielmehr um die Frage, wie dieser unerwünschte Output behandelt wird.

---

[166] Vgl. auch *Erich Gutenberg*: Grundlagen der Betriebswirtschaftslehre, erster Band: Die Produktion, 24. Auflage, Berlin / Heidelberg / New York, 1983, S. 123 ff., *Paul Riebel*: Die Kuppelproduktion: Betriebs- und Marktprobleme, Köln 1955, S. 60 f., sowie *Heinz Strebel*: Umwelt und Betriebswirtschaft: Die natürliche Umwelt als Gegenstand der Unternehmenspolitik, Berlin 1980, S. 100.

Rückstände aus dem Herstellungsprozeß können auf drei verschiedene Arten gehandhabt werden.[167]

Der einfachste Weg, den unerwünschten Output zu entsorgen, ist dessen Abgabe an die Umwelt bzw. die Deponierung, das heißt die organisierte Ablagerung an einem bestimmten Ort und in bestimmter Form. Durch die Abgabe an eine Deponie ist eine umweltgerechte Behandlung des Rückstands garantiert. Bei dieser Lösung wird jedoch auf das im Output enthaltene Sekundärrohstoffpotential verzichtet.[168]

Eine Alternative sieht die Rückführung des Outputs in einen erneuten Produktionsprozeß vor. Diese Vorgehensweise bietet zudem auch die Möglichkeit, betriebliche Probleme der Rohstoffversorgung zu entschärfen.[169]

Eine weitere Möglichkeit besteht in der „abwartenden Lagerung" der nicht rezyklierfähigen Rückstände. Diese temporäre Lösungsalternative wird insbesondere dann angewendet, wenn für die Zukunft bessere Recyclingmöglichkeiten durch technologische oder marktliche Entwicklungen zu erwarten sind.[170] Meist werden solche Ablagerungen auf sogenannten Monodeponien vorgenommen.[171]

Wird von seiten des Automobilherstellers eine Stoffkreislaufführung angestrebt, besteht das Ziel darin, einen möglichst großen Teil des unerwünschten Outputs wieder einem erneuten Produktionsprozeß zuzuführen. Rückstände aus der Produktion der Automobilhersteller können grob in die drei Gruppen „Rückstände aus betriebseigenen Gießereien", „Rück-

---

[167] Vgl. hierzu auch *Bernd Jahnke*: Betriebliches Recycling: produktionswirtschaftliche Probleme und betriebswirtschaftliche Konsequenzen, Wiesbaden 1986, S. 12 ff.

[168] Bereits Gutenberg verweist jedoch darauf, daß für Rückstände aus der Produktion fast immer Veräußerungs- oder Verwertungsmöglichkeiten gefunden werden können. Vgl. *Erich Gutenberg*: Grundlagen der Betriebswirtschaftslehre: Die Produktion, S. 124.

[169] Vgl. *Bernd Jahnke*: Betriebliches Recycling, S. 22.

[170] Gerade im technologischen Bereich dürften noch erhebliche Verbesserungen im Recyclingbereich zu erwarten sein, zumal die Verarbeitungstechnologie für Primärrohstoffe einen erheblichen zeitlich bedingten Entwicklungsvorsprung gegenüber der Recyclingtechnologie aufweist. Vgl. auch *Werner Schenkel*: Abfallwirtschaft – Umwelt und Ressourcen, in: Egon Keller (Hrsg.): Abfallwirtschaft und Recycling: Probleme und Praxis, Essen 1977, S. 39.

[171] Vgl. hierzu zum Beispiel den Fall der Altreifen, der bei Burmester ausführlich behandelt wird. Vgl. *Werner Burmester*: Abfallreifen, in: Egon Keller (Hrsg.): Abfallwirtschaft und Recycling: Probleme und Praxis, Essen 1977, S. 314 ff. Vgl. zum Begriff der Monodeponie *Klaus Stief*: Planung, Bau und Betrieb von Deponien nach TA Abfall, in: Egon Keller und Werner Schenkel (Hrsg.): Abfallwirtschaft und Recycling, Essen 1992, S. 192.

stände aus der Fertigung“ sowie „Hilfs- und Betriebsstoffe“ differenziert werden (Abbildung C-2).[172]

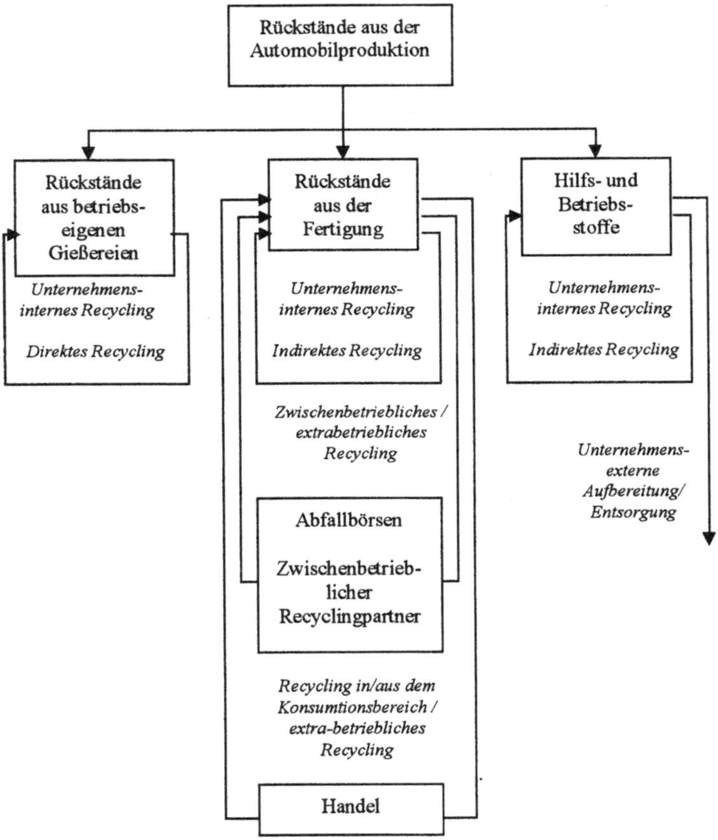

Abb. C-2: Rückstände aus der Automobilproduktion

---

172 Die Unterteilung erfolgt in Anlehnung an *Verein Deutscher Ingenieure*: Konstruieren recyclinggerechter technischer Produkte, S. 9.

Zur Gruppe „Rückstände aus betriebseigenen Gießereien" gehören unter anderem Angüsse und Steiger. Sie werden als Kreislauf- bzw. Eigenschrott dem unternehmensinternen Recycling zugeführt.[173] In der Regel handelt es sich in diesem Fall um direktes Prozeßrecycling, das heißt die Rückstände werden unmittelbar ohne weitere Behandlung in den Produktionsprozeß zurückgeführt.[174] Jahnke spricht hier auch von „Recycling in den Entstehungsprozeß". Bei Recycling in den Entstehungsprozeß sind die Probleme qualitativer, entfernungs- und aufwandsspezifischer sowie organisatorischer Art am geringsten;[175] es fallen lediglich Handhabungsvorgänge wie Transportieren, Sortieren oder Lagern an. Da bei den Rückständen der ersten Gruppe die Rückstandssenke mit der Rückstandsquelle identisch ist – die stofflichen Rückstände als Teil des Gießprozeßoutputs werden unmittelbar wieder dem Gießprozeß zugeführt – wird diese Art des Recycling auch als prozeßintegriertes Recycling bezeichnet.[176]

Im Gegensatz zum direkten Recycling der ersten Rückstandsgruppe handelt es sich bei der zweiten und dritten Rückstandsgruppe dagegen meist um indirektes Prozeßrecycling, das heißt die Reststoffe müssen vor der Wiederverwertung einer Behandlung unterzogen werden.

Rückstände aus der Fertigung werden je nach Einsatzmöglichkeit im eigenen Produktionskreislauf dem innerbetrieblichen oder dem extrabetrieblichen Recycling zugeführt.

Anlässe für den Einsatz von Rückständen der zweiten Gruppe im innerbetrieblichen Recycling können externer Natur – wie staatliche Maßnahmen, Rohstoffverteuerungen sowie Entwicklung neuer Recyclingtechnologien – oder interner Natur – wie Streben nach weitestgehender Stoff- und Energieverwertung sowie Herstellung neuer Produkte aus Rezyklaten – sein.[177] Zusätzlich zum innerbetrieblichen Recycling wird häufig auch über Abfallbörsen (zwischenbetriebliches Recycling) sowie über den Handel (Recycling aus dem Konsumtionsbereich) Material zugekauft, das zusammen mit den eigenen Rückständen einem erneuten Produktionsprozeß beim Automobilhersteller zugeführt wird. Zwischenbetriebliches Recycling und

---

173 Vgl. *Michael Kleinaltenkamp*: Recyclingstrategien: Wege zur wirtschaftlichen Verwertung von Rückständen aus absatz- und beschaffungswirtschaftlicher Sicht, Berlin 1985, S. 56 f.

174 Zum Begriff des direkten und indirekten Prozeßrecycling vgl. *Hans Corsten* und *Frank Götzelmann*: Abfallvermeidung und Reststoffverwertung – Eine produkt- und verfahrensorientierte Analyse, in: Betriebswirtschaftliche Forschung und Praxis, 44. Jg. (1992), Nr. 2, S. 114.

175 *Bernd Jahnke*: Betriebliches Recycling, S. 27.

176 Vgl. *Heinz Strebel, Erich J. Schwarz* und *Michaela M. Schwarz*: Externes Recycling im Produktionsbetrieb, S. 49.

177 Vgl. *Bernd Jahnke*: Betriebliches Recycling, S. 27.

Recycling aus dem Konsumtionsbereich werden unter dem Begriff des intrabetrieblichen Recycling zusammengefaßt, wobei die Rückstände ihr Ziel, nicht aber ihren Ursprung im Produktionsbereich des Automobilherstellers haben.[178]

Ein sehr großer Anteil der zweiten Rückstandsgruppe, der dem innerbetrieblichen Recycling zugeführt wird, ist der Neuschrott, wie Späne oder Stanzabfälle. Meist sind solche Abfälle sauber und müssen nur zerkleinert bzw. gepreßt werden. Im Werk Untertürkheim der DaimlerChrysler AG werden beispielsweise Stanzreste von Stahlblechen oder Gratschrott mittels Blechschrott-Paketieranlage zu Würfeln gepreßt, aufgeschmolzen und das flüssige Eisen in der Grauguß-Gießerei wieder zu Fahrzeugteil-Rohlingen verarbeitet. Zusätzlich zum internen Recycling wird für den Schmelzbetrieb Schrott zugekauft und damit auch eine Verbindung zum Materialkreislauf aufgebaut.[179]

Die im eigenen Produktionskreislauf nicht mehr einsetzbaren Rückstände werden zwecks Wieder- bzw. Weiterverwertung dem externen bzw. extrabetrieblichen Recycling zugeführt, das heißt die Rückstände haben ihren Ursprung, nicht jedoch ihr Ziel im Produktionsbereich des Automobilherstellers.[180] Die Rückstände können über Abfallbörsen in den Produktionsbereich eines anderen Unternehmens als Sekundärrohstoffe rezykliert werden (zwischenbetriebliches Recycling), oder sie werden vom Handel erfaßt und damit dem Konsumtionsbereich zugeführt (Recycling in den Konsumtionsbereich).[181] Beim externen Recycling ist der organisatorische Aufwand für den Automobilhersteller höher als beim innerbetrieblichen, vor allem dann, wenn die Rückstände in den Produktionsbereich eines anderen Unternehmens eingehen. Unter Umständen sind beim Automobilhersteller sogar produktionstechnische Änderungen notwendig, um den Reinheitsgrad, der von seiten des Recyclingpartners gefordert wird, zu erreichen.

Um den Anteil der zweiten Rückstandsgruppe möglichst gering zu halten, sind Fertigungsverfahren zu wählen, die kein bzw. wenig Abfall zur Folge haben.[182] Vorzugsweise sollten nicht-stofftrennende Verfahren der Gruppen Urformen und Umformen eingesetzt werden. Können aufgrund bestimmter

---

178 Vgl. *Bernd Jahnke*: Betriebliches Recycling, S. 29.

179 Vgl. *Mercedes-Benz AG*: Umweltschutz in der Produktion – Werk Untertürkheim, Stuttgart-Untertürkheim o.J., S. 24.

180 Vgl. *Heinz Strebel*, *Erich J. Schwarz* und *Michaela M. Schwarz*: Externes Recycling im Produktionsbetrieb, S. 50 f., sowie *Bernd Jahnke*: Betriebliches Recycling, S. 26.

181 *Bernd Jahnke*: Betriebliches Recycling, S. 30.

182 Vgl. im folgenden *Verein Deutscher Ingenieure*: Konstruieren recyclinggerechter technischer Produkte, S. 9 f.

Konstruktionsanforderungen hingegen nur spanende Verfahren zur Anwendung kommen, müssen durch geeignete Maßnahmen die Produktionsabfälle minimiert werden. Durch entsprechende Rohteilgestaltung kann zum Beispiel das Zerspanvolumen reduziert werden. Beim Scheren und Schneiden ermöglicht eine optimale Schnittanordnung die Minimierung des Rückstands.

Um auch den Aspekt der Wirtschaftlichkeit nicht zu vernachlässigen, sollten möglichst wenig verschiedene Werkstoffe zum Einsatz kommen bzw. solche, die sich wirtschaftlich trennen lassen oder bei einer Wiederverwertung des Hauptstoffs nicht stören.[183]

Die dritte Rückstandsart, die bei der Produktion von Kraftfahrzeugen und deren Komponenten entsteht, setzt sich aus den für die jeweiligen Fertigungstechnologien erforderlichen Hilfs- und Betriebsstoffen – wie Kühlschmiermittel und Galvanikschlämme – zusammen. Rückstände dieser Art bereiten häufig die größeren Recyclingprobleme als der Rückstand aus dem verarbeiteten Werkstoff selbst, da es sich hierbei meist um „besonders überwachungsbedürftige Abfälle“ nach § 41 Absatz 1 KrW-/AbfG handelt. Allein schon wegen der mit der Entsorgung dieser Abfälle verbundenen hohen Kosten ist Automobilherstellern zu empfehlen, möglichst Produktionsverfahren zu bevorzugen, bei denen sich auch die benötigten Hilfs- und Betriebsstoffe rezyklieren lassen. Dem Problem der Rezyklierfähigkeit dieser Gruppe kann auch durch einen Wechsel des Werkstoffs – zum Beispiel korrosionsbeständiger Werkstoff statt galvanischer Überzüge – entgegengewirkt werden.

Wie mit Reststoffen der dritten Gruppe ökologisch und ökonomisch sinnvoll verfahren werden kann, zeigt das Beispiel der Zentralanlagentechnik im Werk Untertürkheim der DaimlerChrysler AG.[184] Bei den entsprechenden Verarbeitungsmaschinen anfallende Kühlschmiermittel und Waschwässer werden in zentralen Anlagen durch Trennverfahren wie Zentrifugieren und Filtrieren von Spänen und Fremdölen befreit und wieder zu den Maschinen zurückgepumpt; die getrennten Späne werden gesammelt. Kühlschmierstoffe sind so bis zu zwei Jahre im Einsatz, Waschwässer bis zu sechs Monate, bevor sie ausgetauscht werden müssen. Dieses Verfahren ist sowohl ökologisch als auch ökonomisch sinnvoll. Zum einen wird die Umwelt durch geringere Emissionen sowie einen geringeren Rohstoffverbrauch entlastet, zum anderen werden dadurch Kosten für den Neukauf sowie für die Entsorgung gespart. Nach dem Austausch werden die verbrauchten Kühlschmierstoffe und

[183] Probleme bereiten diesbzgl. insbesondere Verbundwerkstoffe, denn nur wenige lassen sich wirtschaftlich trennen.

[184] Vgl. *Mercedes-Benz AG*: Umweltschutz in der Produktion – Werk Untertürkheim, S. 13.

Waschwässer, die als stabile Öl-Wasser-Gemische vorliegen, durch spezielle Spaltverfahren aufbereitet.[185]

Eine Verwertung des unerwünschten Outputs aus der Automobilproduktion ist jedoch nicht immer technisch möglich. In diesem Fall bleibt nur die Deponierung. Allerdings fallen bei der Kraftfahrzeugherstellung auch Rückstände an, die zwar technisch aufbereitet werden könnten, die Aufbereitung jedoch teurer ist als die Deponierung. Erst durch Auflagen des Gesetzgebers werden Automobilhersteller dazu motiviert, Forschungsbemühungen hinsichtlich möglicher Verwertungen der bisher auf Deponien verbrachten Rückstände anzustrengen.[186] Ein Beispiel hierfür ist die Regenerierung von Gießerei-Altsanden, die früher auf Deponien verbracht wurden.[187]

2. Belastung der Umwelt im Zuge der Herstellung

Eine möglichst geschlossene Kreislaufführung sollte jedoch nicht das einzige umweltorientierte Ziel in der Herstellungsphase sein. Wichtig sind auch die Emissionsreduktionen an die Umweltmedien Boden, Wasser und Luft, die Reduktion von Lärm sowie die Verringerung des Energieeinsatzes bei der Herstellung von Kraftfahrzeugen und deren Komponenten.

Bereits in der Entwicklungsphase des Kraftfahrzeuges sind ökologieorientierte Fertigungsverfahren vorzusehen. Es wird gefordert, solche Produktionsverfahren einzusetzen, die die Umwelt nur gering oder gar nicht belasten. Zur Reduktion der direkt von der Produktion auf die Umweltmedien Boden, Wasser und Luft ausgehenden Belastung bietet der wachsende Markt für Umwelttechnik eine Vielzahl an Lösungen.[188]

---

185 Im Werk Untertürkheim kommt hierfür die Ultrafiltrationstechnik zum Einsatz. Zur genauen Beschreibung dieses Vorgangs vgl. *Mercedes-Benz AG*: Umweltschutz in der Produktion – Werk Untertürkheim, S. 13.

186 Vgl. auch *Karl O. Tiltmann*: Kosten senken durch Recycling – Wiederverwertung als wirtschaftlichere Alternative zur Deponie, in: Fortschrittliche Betriebsführung und Industrial Engineering, 41. Jg. (1992), S. 80.

187 Laut Angaben der DaimlerChrysler AG kann durch die Altsand-Regenerierung 96,5% des eingesetzten Sandes im Kreislauf geführt werden. Zum Verfahren des Altsand-Recycling vgl. unter anderem *Mercedes-Benz AG*: Umweltschutz in der Produktion – Werk Untertürkheim, S. 29.

188 Das inländische Marktvolumen für Umweltschutzgüter beläuft sich auf ca. 50 Mrd. DM. Vgl. *Ulrich Adler*: Integrierter Umweltschutz als Beispiel zukunftsfähiger Innovationen, S. 44. Weltweit wird mit einem jährlichen Marktwachstum von ca. 5 bis 6 % gerechnet. Vgl. *OECD*, Pollution Control Abatement Expenditure in OECD Countries. A Statistical Compendium, OECD Environment Monograph No. 75, June (Paris 1993), zitiert nach *Ulrich Adler*: Integrierter Umweltschutz als Beispiel zukunftsfähiger Innovationen, S. 44.

Die auf dem Markt für Umwelttechnik gehandelten Umweltschutztechnologien können grob differenziert werden in nachgeschaltete Technologien bzw. end-of-pipe-technologies und integrierte Technologien bzw. clean-technologies. Im Gegensatz zu nachgeschalteten Technologien, die Umweltschutzgesichtspunkte erst nach dem Produktionsprozeß berücksichtigen, werden bei den integrierten Technologien Umweltschutzaspekte bereits während des Produktionsprozesses realisiert.[189]

Der Automobilhersteller hat bei zu erfüllenden Umweltschutzanforderungen die Wahl zwischen nachgeschalteten und integrierten Umweltschutztechnologien. Zum einen können komplette, neu entwickelte Verfahren zum Einsatz kommen, bei denen von Anfang an Umweltschutzbelange berücksichtigt werden. Zum anderen besteht die Möglichkeit, an bestehenden Produktionsanlagen nachträglich emissionsmindernde Einzelmaßnahmen durchzuführen.

Um Unwägbarkeiten der Genehmigungsverfahren nach dem BImSchG sowie technische Umstellungsrisiken bei Veränderungen bereits vorhandener Produktionstechniken zu vermeiden, entscheiden sich Unternehmen meist für den Einsatz von end-of-pipe-Technologien. Sie werden auch deshalb gewählt, weil bei dieser Maßnahme bestehende Produktionsanlagen nicht stillgelegt werden müssen. Darüber hinaus ist die bessere Wirksamkeit integrierter Technologien in manchen Fällen noch nicht erwiesen. Auch spielen oft Aspekte wie die problemlosere Eingliederung der end-of-pipe-technologies in die Produktion – resultierend aus geringeren Akquisitions- und Umstellungskosten bzw. geringeren Ausfallwahrscheinlichkeiten – eine Rolle sowie die Tatsache, daß von Erfahrungen mit den bisherigen Anlagen auch weiterhin profitiert werden kann.[190]

Auch wenn bisher noch weitgehend auf end-of-pipe-Technologien zurückgegriffen wird, haben diese einen gewissen Sättigungsgrad erreicht, denn zunehmend wird erkannt, daß das Problem der Umweltbelastung beim Einsatz von nachgeschalteten Technologien lediglich auf die Zukunft verschoben wird. Ein Beispiel hierfür ist die Filtertechnik. Zwar wird bei Einsatz eines Filters die Luft durch Emissionen während der Produktion weniger belastet, aber Filter bedürfen der Deponierung, wodurch das Problem

---

189 Vgl. *Hartmut Kreikebaum*: Umweltgerechte Produktion: integrierter Umweltschutz als Aufgabe der Unternehmensführung im Industriebetrieb, Wiesbaden 1992, S. 10.

190 Vgl. zu Gründen für den Einsatz von end-of-pipe-Technologien auch *Georg Winter*: Das umweltbewußte Unternehmen, S. 229, *o.V.*: Forschung und Praxis unter einem Dach, in: Umwelt Magazin, 22. Jg. (1993), Nr. 9, S. 129, *Hartmut Kreikebaum*: Umweltgerechte Produktion, S. 11, *Ulrich Steger*: Umweltmanagement: Erfahrungen und Instrumente einer umweltorientierten Unternehmensstrategie, 2., überarbeitete und erweiterte Auflage, Wiesbaden 1993, S. 319 ff., sowie *Ulrich Adler*: Integrierter Umweltschutz als Beispiel zukunftsfähiger Innovation, S. 49.

der Umweltbelastung auf den Entsorgungszeitpunkt des Filters verschoben wird. Dadurch wird die eine umweltbelastende Maßnahme (die Emission) durch eine andere umweltbelastende Maßnahme (die Deponierung) ersetzt.

Um Umweltgesichtspunkte bereits während des Produktionsprozesses zu berücksichtigen, sollten vorzugsweise integrierte Technologien zum Einsatz kommen. Meist können dadurch auch kostengünstigere Ersatzinvestitionen realisiert werden, deren Vorteile in geringerem Energie- und Materialeinsatz, geringeren Betriebs- und Wartungskosten sowie kürzeren Fertigungszeiten liegen.[191] Ein in diesem Zusammenhang nicht zu vernachlässigender Aspekt ist auch der aus dem Einsatz von integrierten Technologien resultierende positive Imageeffekt bei Kunden und Behörden.[192] Eventuell kann durch neue Fertigungsverfahren auch eine bessere Produktqualität realisiert werden.

Zur Schonung des Umweltmediums Wasser dürfen nur solche Produktionsverfahren eingesetzt werden, die die Gewässer so wenig wie technisch möglich belasten. Hierbei ist zu beachten, daß jede Abwasservorbehandlungsanlage zusätzlich Energie und Chemikalien verbraucht sowie Rückstände erzeugt. Aus diesem Grund sind produktionstechnische Lösungen, die integrierten Umweltschutzmaßnahmen entsprechen – wie abwasserarme produktionstechnische Maßnahmen – end-of-pipe-Technologien, bei denen das Abwasser nachträglich gereinigt wird – wie Neutralisation, Ionenaustausch, Filterung, Schwerkraftabscheidung und Ausfällung – vorzuziehen.

Eine sofort greifende Maßnahme zur Entlastung des Umweltmediums Wasser ist die Reduktion des Verbrauchs an Wasser auf ein Minimum. In diesem Zusammenhang besonders positiv zu bewerten sind zum Beispiel Kaskadenspültechniken in galvanischen Anlagen.[193]

Ein weiterer wichtiger Punkt ist die Bildung geschlossener Wasserkreisläufe, wie die Kreislaufführung von Waschwässern oder die Kreislaufführung des Wassers zum Auswaschen des Oversprays in Lackierkabinen.[194]

---

[191] Vgl. *Georg Winter*: Das umweltbewußte Unternehmen, S. 230.

[192] Bekannterweise werden einmal aufgedeckte „ökologische Sünden" eines Unternehmens mit jahrelangem Mißtrauen seitens der Behörden quittiert. Aus diesem Grund ist der aus dem Einsatz von integrierten Technologien resultierende positive Imageeffekt bei den Behörden nicht zu unterschätzen. Häufig können durch eine „vorbildhafte Fertigung" zeit- und kostenintensive Besprechungen, Untersuchungen sowie Briefwechsel mit Behörden vermieden werden.

[193] Nach Angaben der DaimlerChrysler AG konnte der Wasserverbrauch je Produktionseinheit durch die Anwendung der Kaskadenspültechnik in galvanischen Anlagen um über 70% gesenkt werden. Vgl. *Mercedes-Benz AG*: Umweltschutz in der Produktion – Werk Untertürkheim, S. 15.

[194] Vgl. hierzu beispielsweise *Volkswagen AG*: Der Umweltbericht von Volkswagen, Wolfsburg o.J., S. 73.

Der sorglose Umgang mit Gefahrstoffen, Tropfverlusten aus Anlagen und Betriebseinrichtungen sowie die unsachgemäße Behandlung und Lagerung der Rückstände aus der Produktion sind für das Entstehen von Altlasten verantwortlich. Um das Erdreich vor wassergefährdenden Stoffen zu schützen, sollten alle Lager- und Umfüllplätze innerhalb eines Werkes sowie möglichst auch die Flächenbefestigungen innerhalb der Produktionshallen flüssigkeitsundurchlässig gemäß den Forderungen des § 19 Absatz 1 und 3 WHG ausgebildet werden. Im Notfall müssen bei Umfüllvorgängen austretende Flüssigkeiten über eigens dafür angelegte Auffangmöglichkeiten zurückgehalten und über entsprechende Abscheider geleitet werden, um ein Versickern der wassergefährdenden Stoffe ins Erdreich zu vermeiden.

Um das Umweltmedium Luft zu entlasten, ist bereits während der Fertigungsplanung auf den Einsatz möglichst abluftarmer Fertigungsverfahren hinzuwirken. Wenngleich es noch nicht bei allen Fertigungsprozessen gelingt, eine Verunreinigung der Abluft durch Prozeßstoffe sowie Umwandlungs- und Zersetzungsprodukte zu vermeiden, so können dennoch während der Produktion entstehende luftfremde Stoffe durch geeignete Kapselungs- oder Absaugmaßnahmen erfaßt und die Abluft in entsprechenden Abluftaufbereitungsanlagen, wie zum Beispiel Filter oder Wäscher, gereinigt werden. Der Nachteil derartiger nachgeschalteter Technologien liegt jedoch nicht nur in der Verlagerung des Umweltproblems, sondern auch in dem daraus resultierenden zusätzlichen Energieverbrauch, der wiederum zur Luftbelastung beiträgt.

Wie wirksame Abluftreinigung betrieben werden kann, ohne andere Belastungen zu verursachen, zeigt die Luftführung im Kupolofen des DaimlerChrysler-Werkes in Untertürkheim.[195] Statt Frischluft wird in den Kupolofen geruchsbeladenes Abgas aus anderen Anlagen als Heißwind eingespeist. Durch diese thermische Abgasbehandlung werden Geruchsstoffe ohne zusätzlichen Energieverbrauch oder Emissionen verbrannt.

Zur Entlastung des Umweltmediums Luft hat insbesondere der reduzierte Einsatz von lösemittelhaltigen Lacken in der Automobilindustrie als einer der größten Lackverbraucher beigetragen. Die in der TA Luft von 1986 festgelegten Grenzwerte für Lösemittelemissionen konnten nur durch thermische Behandlung der Abluft oder durch den Einsatz neuartiger Lacke, wie wasserlösliche Lacke oder Pulverlacke, eingehalten werden.

Eine sofort greifende Maßnahme zur Entlastung der Luft ist die Reduktion des im Zuge der Energie- und Wärmeerzeugung bei Verbrennungsprozessen

---

195 Vgl. *Mercedes-Benz AG*: Umweltschutz in der Produktion – Werk Untertürkheim, S. 20.

freiwerdenden Kohlendioxids durch Verringerung des Energieverbrauchs oder durch Hinwendung zu regenerativen Energien.

Im Rahmen der Umweltentlastung während der Herstellungsphase sind hinsichtlich des Energieverbrauchs zwei Energieverwendungsstrategien einzuschlagen: die weitestmögliche Realisierung von Energieeinsparungen durch Vermeidung von unnötigem Energieaufwand und Energieverlusten sowie die schrittweise Hinwendung zum Einsatz regenerativer Energien.

Energieeinsparungen lassen sich unter anderem realisieren durch die Vermeidung von Leerläufen im Betrieb technischer Anlagen, durch eine verbesserte Steuerung der Anlage sowie durch die Nutzung der Abwärme. Auch zusätzliche bautechnische Maßnahmen sind im Hinblick auf die Wärmedämmung von Werkshallen durchzuführen.

Gerade zur Nutzung der Abwärme besteht in den meisten Betrieben der Automobilindustrie ein hohes Potential, denn bei einem großen Teil der Fertigungsschritte fällt unvermeidbare Abwärme an, die zur Heißwassererzeugung oder Erwärmung der Werkshallenluft genutzt werden kann.[196] Dies entspricht auch dem „Nutzungsgebot der Abwärme" nach § 5 Absatz 1 BImSchG, wonach „...entstehende Wärme für Anlagen des Betriebes genutzt..." werden muß.

Die Nutzung erneuerbarer Energiequellen ist natürlich aus ökologischer Sicht als besonders vorteilhaft zu betrachten, wenngleich dies zur Zeit noch relativ wenig verbreitet ist. Allerdings sind erste Ansätze vorhanden, wie das Beispiel des Solardachs bei der DaimlerChrysler AG in Bad Cannstadt zeigt.[197]

In der Automobilproduktion sind als Geräuschverursacher insbesondere schallabstrahlende Anlagen wie die mechanische Fertigung, Lüftungsanlagen zur Be- und Entlüftung von Arbeitsstätten, Rückkühlanlagen von Wasserkreislaufsystemen sowie Großpressen, Werkzeugmaschinen, Pumpen und Kompressoren zu nennen. Zur Reduktion der Lärmbelastung in der Fertigung können primäre Maßnahmen, die an der Schallquelle ansetzen, oder

---

[196] Vgl. hierzu auch die Ausführungen bei *Mercedes-Benz AG*: Umweltschutz in der Produktion – Werk Untertürkheim, S. 17.

[197] Durch das seit 1. Januar 1999 in Kraft getretene 100.000-Dächer-Programm für Solaranlagen der Bundesregierung soll die Massenproduktion von Solaranlagen mit dem Ziel der Kostensenkung gefördert werden. Die Steigerungsraten im Solarthermiemarkt lagen schon in den letzten fünf Jahren bei 25 Prozent pro Jahr. Vgl. *Wilfried Katterbach*: Sonne für Handwerker, in: Impulse, 19. Jg. (1999), Nr. 2., S. 62.

sekundäre Maßnahmen, die bei der Schallausbreitung ansetzen, durchgeführt werden.[198]

Lärmminderungsmaßnahmen an der Schallquelle betreffen überwiegend Lösungen, die einen Wechsel hin zu geräuscharmen Arbeits- und Fertigungsverfahren sowie geräuscharm arbeitenden Maschinen bzw. Maschinenteilen voraussetzen. Werden diese Maßnahmen nachträglich getroffen, sind wirtschaftliche Überlegungen, maschinelle Voraussetzungen sowie betriebliche Anforderungen zu berücksichtigen.

Überwiegend kostengünstiger gestalten sich Lärmminderungsmaßnahmen, die bei der Schallausbreitung ansetzen. Körperschalldämmung durch schwingungsgedämmte Maschinenaufstellung, Teil- oder Vollkapselung von Maschinen sowie Abschirmung von Maschinen oder Werkshallen tragen dazu bei, die Lärmbelastung schallabstrahlender Anlagen zu reduzieren bzw. zu beseitigen.

Im Zuge von Hallenneubauten besteht zusätzlich zu den lärmreduzierenden Maßnahmen an den Anlagen die Möglichkeit, Schallschutzmaßnahmen durch entsprechende bautechnische bzw. raumakustische Maßnahmen – wie beispielsweise durch den Einsatz schallabsorbierender Wand- und Deckenbaustoffe bzw. -verkleidungen aus verschiedenen Baumaterialien (Steinwolle und Styropor) – zu treffen.

Im Falle von Freiflächen, die für lärmintensive Tätigkeiten genutzt werden, wie zum Beispiel Materialumschlagstellen, besteht die Möglichkeit, diese durch schallreflektierende oder schallabsorbierende Wände gegenüber anderen Werksflächen bzw. gegenüber Flächen außerhalb des Werksgeländes abzugrenzen.

Neben den höheren Investitionskosten für die eigentliche Anlage durch in der Regel notwendige Einrichtungen zur Wärmeabführung in Kapselungen sind auch höhere Betriebskosten der Anlage hinsichtlich Wartung und Reparatur einzuplanen. Teilweise können Schallschutzmaßnahmen auch einen zusätzlichen Energieverbrauch zur Folge haben, wie es bei gekapselten Anlagen für den Betrieb der Lüftungseinrichtungen der Fall ist.

---

198 Zu Lärmminderungsmaßnahmen vgl. *Verein Deutscher Ingenieure*: Lärmminderung in Betrieben, Allgemeine Grundlagen, VDI-Richtlinie 2570, Düsseldorf 1980.

III. Minimierung ökologischer Folgewirkungen innerhalb der Gebrauchsphase

Gerade in der Gebrauchsphase eines Kraftfahrzeuges sind die Erfolge der Automobilindustrie hinsichtlich der Umweltentlastung nicht wegzudiskutieren.[199] Erfolge konnten vor allem erzielt werden hinsichtlich der Stoffkreislaufführung, die für die Gebrauchsphase im wesentlichen in der Austauschteilefertigung umgesetzt worden ist, sowie hinsichtlich der Entlastung des Umweltmediums Luft durch sinkenden Kraftstoffverbrauch und Einsatz moderner Abgasreinigungstechnik.

Um die durch den Gebrauch der Kraftfahrzeuge verursachte Umweltbelastung noch weiter zu reduzieren, muß jedoch auch die Produktlebensdauer als wichtiger Umweltaspekt in die Betrachtung aufgenommen werden.

1. Produktlebensdauer als wesentliches Kriterium der ökologischen Produktbeurteilung

Die Fixierung der Lebensdauer spielt eine bedeutende Rolle bei der Reduktion der Umweltbelastung in der Gebrauchsphase eines Kraftfahrzeuges.[200] Je länger die Lebensdauer, desto größer ist der Zeitraum, über den sich die Umweltbelastung aus Produktion, Gebrauch und Entsorgung verteilt.[201] Das Ziel besteht darin, die Zeitspanne zwischen der Erstzulassung des Kraftfahrzeuges und dem erstmaligen Recycling der Kraftfahrzeugkomponenten bzw. deren endgültigen Entsorgung möglichst groß zu halten.[202]

---

[199] Zu einem kurzen Überblick über die bisherigen Erfolge sowie weitere Bestrebungen der Automobilindustrie vgl. *Verband der Automobilindustrie e.V.* (Hrsg.): VDA-Präsident: Auto und Umwelt nicht auf Koalisionskurs, Pressedienst vom 13.06.1997, sowie *Verband der Automobilindustrie e.V.* (Hrsg.): CO_2: Automobilindustrie auf Reduktionskurs, Pressedienst vom 01.12.1997.

[200] Erste Überlegungen zur Idee des Langzeitautos wurden bereits 1973 vom Automobilhersteller Porsche unternommen. Vgl. hierzu *Ernst Fuhrmann* und *Rolf Schaefer*: Studie „Forschungsprojekt Langzeit-Auto (Teil 1)", in: ATZ Automobiltechnische Zeitschrift 77 (1975), Nr. 4, S. 114-119, sowie *Ernst Fuhrmann* und *Rolf Schaefer*: Studie „Forschungsprojekt Langzeit-Auto (Teil 2)", in: ATZ Automobiltechnische Zeitschrift 77 (1975), Nr. 5, S. 137-140.

[201] Vgl. zu Langlebigkeit und Umweltbelastung auch *Heinz Strebel, Erich J. Schwarz* und *Michaela M. Schwarz*: Externes Recycling im Produktionsbetrieb, S. 41.

[202] Der durch die Verdopplung der Nutzungsdauer entstehende Nachfrageausfall kann mittels einer durch die längere Produktlebensdauer zu rechtfertigenden Preissteigerung ausgeglichen werden. Vgl. hierzu auch *Gert von Kortzfleisch*: Ökonomische Konsequenzen von Langzeitautos, in: VDI

Eine Verdoppelung der Lebensdauer bedeutet eine Halbierung der anfallenden Rückstandsmenge sowie eine Reduktion der Umweltbelastung, die bei Produktion, Gebrauch und Entsorgung sowie bei Verpackung, Lagerung und Transport entsteht. Dieser Effekt ergibt sich jedoch nicht nur beim Automobilproduzenten selbst, sondern auch innerhalb der Zulieferkette sowie bei der Rohstoffherstellung. Gleichzeitig ist damit natürlich auch eine Ressourceneinsatzminderung verbunden, da sowohl Rohstoffe als auch ursprüngliche Energieinvestitionen innerhalb der jeweiligen Produktionsstufen weitgehend erhalten bleiben.[203]

Eine Lebensdauerverkürzung führt zum gegenteiligen Effekt. Das Rückstandsvolumen und die Umweltbelastung erhöhen sich über sämtliche Wertschöpfungsstufen. Gleichzeitig steigt der Verbrauch an Rohstoffen und Energie.[204]

Die Lebensdauer eines Kraftfahrzeuges sowie dessen Komponenten kann sowohl durch Langlebigkeit als Vorgabe an die Produktion als auch durch Maßnahmen zur Nutzungsdauerverlängerung ganzer Kraftfahrzeuge sowie von Kraftfahrzeugkomponenten gesteuert werden.[205]

Langlebigkeit wird durch erhöhte funktionale und materialbedingte Lebensdauer erreicht. Es wird in diesem Fall von einem Langzeitgut gesprochen. Natürlich hängt die Langlebigkeit auch ab vom Fahrverhalten des Fahrzeughalters, vom Pflege- und Wartungsbewußtsein sowie von einem funktionierenden Kunden- und Werkstattdienst. Das wohl bekannteste Beispiel für Langzeitgüter im Bereich der Automobilindustrie ist der britische Landrover, der eine robuste Konstruktion, Aluminiumkarosserie sowie minimale Wartung vorweisen kann. Die Forderung nach Langlebigkeit besteht jedoch nicht nur für das Kraftfahrzeug in seiner Gesamtheit, sondern auch für die einzelnen Komponenten des Kraftfahrzeuges. Dies bedeutet zum Beispiel für die Fahrzeugkomponente „Motor“ eine höhere Nutzungsdauer in Betriebsstunden.

(Hrsg.): Internationaler Kongreß FISTA 80 – Personenkraftwagen, VDI-Bericht Nr. 368, Düsseldorf 1980, S. 355 f. Darüber hinaus kann der Nachfrageausfall auch dadurch kompensiert werden, daß nicht mehr das Produkt, sondern dessen Nutzung verkauft wird. Vgl. hierzu die Ausführungen von *Walter R. Stahel*: Langlebigkeit und Materialrecycling: Strategien zur Vermeidung von Abfällen im Bereich der Produkte, Essen 1991, S. 67.

203 Vgl. *Joachim Burmester*: Sparsam und flexibel: Abfallvermeidung fängt bei der Produktentwicklung an, in: Umwelt Magazin, 22. Jg. (1993), Nr. 5, S. 106.

204 Vgl. auch *Heinz Strebel*: Umwelt und Betriebswirtschaft, S. 88.

205 Vgl. zu nachfolgenden Ausführungen *Walter R. Stahel*: Langlebigkeit und Materialrecycling, S. 63 ff.

Zu einer Nutzungsdauerverlängerung führen Maßnahmen wie Wiederverwendung, Reparatur und Instandhaltung, Wiederinstandsetzung sowie technologisches Hochrüsten bzw. Anpassen an den technischen Fortschritt.[206]

Unter dem Stichpunkt „Wiederverwendung" hat sich schon seit langem die Austauschteilefertigung etabliert. Gegenüber den verschleißfreien Elektronikbaugruppen, wie das ABS-System, müssen die verschleißgefährdeten Komponenten vor einem erneuten Einsatz im Kraftfahrzeug aufgearbeitet werden. Ein bekanntes Beispiel für die Wiederinstandsetzung ist die Reifenrunderneuerung, wobei die Qualität runderneuerter Reifen in der Regel denen der Neureifen entspricht. Unter technologischem Hochrüsten bzw. Anpassen an den technischen Fortschritt ist unter anderem das nachträgliche Einbauen eines Katalysators zu verstehen.

Trotz der eingangs dargestellten Vorteile, die sich bei einer langen Kraftfahrzeuglebensdauer für die Umwelt ergeben, kann jedoch nicht generell davon ausgegangen werden, daß durch eine lange Lebensdauer von Kraftfahrzeugen und deren Komponenten die Umwelt weniger belastet wird als im Zuge der Neuproduktion. Häufig können aus dem Gebrauch eines älteren Fahrzeuges mehr Umweltbelastungen entstehen, als dies bei einer neuen Produkttechnologie der Fall wäre. Dies ist vor allem auf den technischen Fortschritt zurückzuführen, der sich auch in Motoren mit geringerem Verbrauch oder in neuen Antrieben äußert.

2. Optimierung des Produktkreislaufes

Im vorherigen Abschnitt wurden Maßnahmen diskutiert, die zu einer Verlängerung der vorgesehenen Lebensdauer bzw. Nutzungszeit eines Kraftfahrzeuges beitragen. Unter dem Aspekt der Produktkreislaufoptimierung sind jedoch Recyclingprozesse angesprochen, mit denen im Gegensatz zu den unter Abschnitt C.III.1 diskutierten Maßnahmen weitere zusätzliche Nutzungszyklen erzielt werden. Zwischen beiden Bereichen – Maßnahmen zur Nutzungsdauerverlängerung und Recyclingprozesse – bestehen jedoch Interdependenzen.

Das Produktrecycling ist im Automobilbereich in der Austauscherzeugnisfertigung zum Beispiel bei Motoren, Getrieben, Hinterachsgetrieben, Anlasser

---

[206] Wiederinstandsetzung und technologisches Hochrüsten sind jedoch nur zweckmäßig bei Komponenten, die einem Verschleiß durch Abnutzung bzw. einer Technologieobsoleszenz ausgesetzt sind, nicht bei Komponenten, die Alterungs- und Materialermüdungserscheinungen unterliegen und an kritischen Systemstellen eingesetzt sind. Die Wiederverwendbarkeit derartiger Komponenten muß vor einem erneuten Einsatz genauestens überprüft werden.

und Lichtmaschinen verwirklicht. Hier erreichen die Stückzahlen der Austauscherzeugnisse häufig schon 10% der Neuproduktion.[207] Die aufgearbeiteten Produkte werden meist mit voller Garantie wie das entsprechende Neuprodukt versehen.[208] Seltener finden jedoch hochwertige Bauteile aus nicht mehr aufzuarbeitenden Produkten Eingang in die Neuproduktion. Insbesondere bei Sicherheitsteilen wird von dieser Alternative wegen fehlender Prüfverfahren abgesehen.

Allerdings sind der Demontage von Austauschteilen zur Wiederaufbereitung auch Grenzen gesetzt. So macht es wenig Sinn, zwölf Jahre alte Motorblöcke, die nicht mehr dem technischen Standard entsprechen, aus- und in neue PKW einzubauen.[209]

Das Produktrecycling liegt in Wirkungsgrad und Wertniveau um ein Mehrfaches höher als das Materialrecycling. Es ist sogar möglich, daß der Wert des rezyklierten Produktes höher als der des ursprünglichen Neuproduktes ist, da unter Umständen nicht nur eine Aufarbeitung, sondern auch eine Modernisierung durchgeführt wird. Darüber hinaus werden sämtliche aufgearbeiteten Produkte nach der Montage einer vollständigen Funktionsprüfung und Endkontrolle unterzogen, während bei Neuprodukten dagegen – je nach Sicherheitsrelevanz des Produktes – nur Stichprobenkontrollen durchgeführt werden.

Im Zuge des Produktrecycling durchläuft das Produkt die Fertigungsschritte „Erzeugnisdemontage“, „Bauteilereinigung“, „Bauteileprüfung/-sortierung“, „Bauteileaufarbeitung/-erneuerung“ sowie „Montage“. Der Konstrukteur muß

---

207 Vgl. *Verein Deutscher Ingenieure*: Konstruieren recyclinggerechter technischer Produkte, S. 11. Die ersten Schritte zur Aufbereitung wurden zum Beispiel von VW bereits 1947 unternommen. Vgl. *Volkswagen AG*: Wir machen täglich etwas Neues – Original-Austauschteile, Wolfsburg 1993, S. 3. Insbesondere im Zuge der „zeitwertgerechten Reparatur“ von Fahrzeugen wird der Markt für Austauschteile weiter wachsen. Vgl. *Dieter Schmid* und *Daniel Goldmann*: Automobilrecycling im Netzverbund – Neue Marktstrukturen für die Kreislaufwirtschaft, in: Joachim Schmid (Hrsg.): Altautoverwertung und -entsorgung: Stand und Aktivitäten beim Automobilrecycling, Renningen-Malmsheim 1995, S. 86.

208 Sie werden darüber hinaus teilweise bis zu 50% günstiger als die entsprechenden Neuteile angeboten. Vgl. *Volkswagen AG*: Wie machen täglich etwas Neues, S. 10.

209 Vgl. *Helge Pfeiffer*: Konzept für die Altautodemontage, in: Joachim Schmid (Hrsg.): Altautoverwertung und -entsorgung: Stand und Aktivitäten beim Automobilrecycling, Renningen-Malmsheim 1995, S. 100. Stahel dagegen weist darauf hin, daß Dauerhaftigkeit nicht bedeutet, „...Produkte und damit ihre Entwicklungsfähigkeit „einzubetonieren“, ganz im Gegenteil: Sie verlangt reparierbare, an künftige Anforderungen und Technologien anpaßbare Komponenten, Produkte und Systeme, welche untereinander austauschbar sind, damit der technische Fortschritt laufend und unverzüglich durch Komponentenaustausch in bestehende Systeme integriert werden kann, ohne einen fortschrittverzögernden Systemaustausch abzuwarten.“ *Walter R. Stahel*: Langlebigkeit und Materialrecycling, S. 55.

sich mit seinem Ziel der aufarbeitungsgerechten Produktgestaltung an den Tätigkeiten in den jeweiligen Aufarbeitungsschritten orientieren.[210]

Der erste Schritt des Produktrecycling ist die möglichst zerstörungsfreie Demontage der Produkte. Der häufigste bzw. zeitintensivste Demontagevorgang ist dabei das Lösen von Schraubverbindungen. Insbesondere beim Lösen von Stoffschlußverbindungen wie Schweiß-, Löt- und Klebeverbindungen oder durch plastisches Verformen erzeugte Verbindungen besteht die Gefahr, daß die Verbindungselemente, schlimmstenfalls auch die Bauteile, beschädigt und damit nicht wieder eingesetzt werden können.

Die Demontage macht – bedingt durch den hohen Aufwand beim Lösen der Verbindungen – in Austauscherzeugnisfertigungen bis zu 40% der Herstellkosten aus. Ziel sollte damit sein, den Aufwand für die Demontagevorgänge zu reduzieren. Um dies zu realisieren, müssen die eingesetzten Verbindungselemente an Bauteilen leicht zu lösen und gut zugänglich sein, so daß Beschädigungen sowohl an den Bauteilen als auch an den Verbindungselementen vermieden werden.

Vorteilhaft sind in diesem Zusammenhang Form- und Kraftschlußverbindungen ohne Verformungen wie Schnapp- und Spannverbindungen sowie leichte Schrumpf- und Preßsitze oder durch thermische Trennung lösbare Klebungen und Weichlötverbindungen, die eine zerstörungsfreie Demontage ermöglichen.

Um ein Kostensenkungspotential zu realisieren, ist jedoch nicht nur darauf zu achten, leicht lösbare und gut zugängliche Verbindungen einzuplanen, sondern auch die Verbindungsvielfalt so gering wie möglich zu halten, damit die Demontage in möglichst wenig Fertigungsstufen durchgeführt werden kann.

Um den Zustand der demontierten Bauteile beurteilen zu können, müssen diese erst gereinigt werden. Aus diesem Grund empfiehlt es sich, Bauteile so zu gestalten, daß eine Reinigung der Bauteile ohne deren Beschädigung möglich ist.[211] Auch sind glatte Oberflächen sowie gute Zugänglichkeit der zu reinigenden Stellen gefordert.

---

210 Vgl. zu den nachfolgenden Ausführungen ausführlich *Verein Deutscher Ingenieure*: Konstruieren recyclinggerechter technischer Produkte, S. 12 ff.

211 Zu den am häufigsten zur Anwendung kommenden Reinigungsverfahren zählen Tauchen in Säure- oder Laugebäder, Waschvorgänge mit Heißwasser, Kaltreiniger, Waschbenzin, Petroleum oder unterschiedlichen Lösungsmitteln, Reinigen mittels Sandkies, Stahlkies oder Naßdruckstrahlen sowie die Ultraschallreinigung. Vgl. *Verein Deutscher Ingenieure*: Konstruieren recyclinggerechter technischer Produkte, S. 27 f.

Ein wichtiger Umweltaspekt der Reinigungsphase ist die ökologieorientierte Überprüfung der eingesetzten Reinigungsmittel. Werden zur Reinigung der Bauteile umweltschädigende Waschemulsionen verwendet, wird das mit dem Produktrecycling angestrebte Ziel der Umweltentlastung verfehlt, denn meist handelt es sich bei diesen Mitteln um Sonderabfälle, deren Entsorgung die Umwelt erheblich belastet. Gelingt es dagegen, die umweltschädigenden Reinigungsmittel durch umweltfreundliche zu ersetzen, werden darüber hinaus auch Entsorgungskosten eingespart.

Nach der Reinigungsphase werden die Bauteile geprüft und nach bestimmten Prüfkriterien den drei Gruppen „nicht wiederverwendbar", „nach Aufarbeitung wiederverwendbar" und „direkt wiederverwendbar" zugeordnet. Da häufig noch objektive und zerstörungsfreie Prüfverfahren fehlen, beschränkt sich die Prüfung meist auf Sichtprüfungen, aber auch auf Prüfen von elektrischen und geometrischen Kriterien. Sind keine Prüfmöglichkeiten vorhanden, werden die Bauteile „auf Verdacht" aussortiert und damit dem Kreislauf entzogen. Aus diesem Grund sind verschleißgefährdete Bauteile möglichst so zu gestalten, daß der Abnutzungsgrad eindeutig ermittelt werden kann, wie zum Beispiel durch Verschleißmarken bei Autoreifen oder durch die Stärke von Bremsbelägen.

Um die Wirtschaftlichkeit der sich der Reinigung anschließenden Sortierung zu erhöhen, sind Bauteile gleicher Funktion zu standardisieren und zu kennzeichnen. Dadurch wird der Sortieraufwand und damit die in dieser Phase anfallenden Kosten reduziert.[212]

An die Prüf- und Sortierphase schließt sich die Bauteileaufarbeitung an, deren Ziel es ist, den Nutzwert der wiedereinsetzbaren Bauteile dem der Neuteile anzupassen. Meist kommen in dieser Phase spanende Verfahren wie Drehen, Fräsen, Bohren und Schleifen, Oberflächenbehandlungsverfahren wie Galvanisieren oder Lackieren sowie mechanisch-thermische Verfahren zum Einsatz. Um eine Bauteileaufarbeitung durchführen zu können, müssen bereits bei der Konstruktion Aufarbeitungsmöglichkeiten und Materialzugaben sowie Spann-, Meß- und Justierhilfen vorgesehen werden.

Die aufgearbeiteten Bauteile werden zusammen mit Neuteilen montiert. Die einzelnen Montageschritte stimmen mit denen der Erstmontage überein. Der Aufbau der Montageeinrichtung kann sich daher an der Neuproduktion orientieren. Jedoch ist wegen der meist geringeren Stückzahl in der Austauscherzeugnisfertigung der Automatisierungsgrad geringer.

---

212 Die durch die Standardisierung eingesparten Kosten schlagen sich jedoch nicht nur in der Austauscherzeugnisfertigung, sondern auch bei der Neuproduktion sowie beim Ersatzteilwesen nieder. Zudem bietet die Kennzeichnung der Bauteile auch Vorteile beim späteren Materialrecycling.

3. Ökologische Auswirkungen des Produktgebrauchs

In der Öffentlichkeit wurde die ökologische Brisanz des Automobils bisher überwiegend hinsichtlich des Umweltmediums Luft diskutiert. Selten wurde registriert, daß durch den Gebrauch des Automobils auch Boden und Wasser belastet werden. Dies änderte sich erst durch die aufgrund des Inkrafttretens des Wasserhaushaltsgesetzes erforderlichen Sanierungen der Abfüllflächen im Tankstellenbereich.[213] Diese Sanierungsmaßnahmen, mit denen jeder Autofahrer konfrontiert ist, haben das Augenmerk der Öffentlichkeit auch auf die Umweltmedien Wasser und Boden gelenkt.

Der Schwerpunkt der Diskussionen in der Öffentlichkeit liegt jedoch weiterhin auf der aus dem Gebrauch der Automobile resultierenden Luftbelastung.

Erfolge der Automobilindustrie hinsichtlich der Umweltentlastung sind insbesondere bei den reduzierten Emissionen klimarelevanter Stoffe zu verzeichnen. Durch den Einsatz moderner Abgasreinigungstechnik werden die Emissionen von Kohlenmonoxid, Kohlenwasserstoffen sowie Stickoxiden um 90% reduziert.[214]

Ein Großteil dieser reduzierten Emissionen ist jedoch nicht nur auf den Einsatz moderner Abgasreinigungstechnik zurückzuführen, sondern auch auf den verringerten Kraftstoffverbrauch.[215]

Reduziert sich der Kraftstoffverbrauch eines Automobils, verringert sich damit auch die Abgabe klimarelevanter Stoffe an das Umweltmedium Luft. Neben dem Antrieb bieten auch eine bessere Aerodynamik, Reifen mit reduziertem Rollwiderstand sowie ein geringeres Fahrzeuggewicht Kraftstoffeinsparpotentiale.[216] Gewichtseinsparungen werden realisiert durch

---

213 Tankstellen sind „Anlagen zum Umgang mit wassergefährdenden Stoffen", deren Abfüllflächen flüssigkeitsundurchlässig nach § 19 g WHG ausgebildet werden müssen. Im Falle von Tankstellensanierungen werden nach Abbruch der bestehenden Tankfläche häufig Altlasten im Boden festgestellt.

214 Vgl. *Verband der Automobilindustrie e.V.* (Hrsg.): VDA-Präsident: Auto und Umwelt nicht auf Koalisionskurs.

215 Der Kraftstoffverbrauch wurde seit 1978 um 25% reduziert. Allein im Jahr 1996 ist er um 1,6% gesunken. Bis zum Jahr 2005 wird von der Automobilindustrie angestrebt, den Kraftstoffverbrauch um 40% gegenüber Ende der 70er Jahre zu reduzieren. Vgl. *Verband der Automobilindustrie e.V.* (Hrsg.): VDA-Präsident: Auto und Umwelt nicht auf Koalisionskurs, sowie *Verband der Automobilindustrie e.V.* (Hrsg.): CO_2: Automobilindustrie auf Reduktionskurs.

216 Vgl. hierzu *Volkswagen AG*: Der Umweltbericht von Volkswagen, S. 40 ff. Zum Beispiel wird durch einen um 20% verbesserten Luftwiderstandsbeiwert bei einer Geschwindigkeit von 130 km/h der Verbrauch um 10% reduziert. Eine Reduktion des Reifenrollwiderstandes um 40% bewirkt eine Verbrauchsminderung von etwa 7%.

Integralbauweise und gewichtssparende Konstruktionen wie Tailored Blanks und Sandwich-, Schicht- oder Hohlprofilkonstrukte sowie durch den Einsatz von Teilen in Dünnblechtechnik und leichteren Materialien wie Aluminium, Magnesium oder Kunststoffe.[217]

Ein weiterer wichtiger Punkt bei der Reduktion der Belastung des Umweltmediums Luft während der Gebrauchsphase eines Kraftfahrzeuges sind Verkehrsleitsysteme, durch die die Gefahr der Staubildung und damit des erhöhten Kraftstoffverbrauchs bei Kriechfahrten reduziert wird. Auch der zunehmende Einsatz von digitalen Straßenkarten sowie Parkraummanagementsystemen verhindert unnötigen Kraftstoffverbrauch sowie die daraus resultierende Luftbelastung.

Trotz der geschilderten Möglichkeiten zur Reduktion der Luftbelastung sollten jedoch auch Bemühungen in die Weiterentwicklung alternativer Antriebskonzepte wie Elektroantrieb, Wasserstoffantrieb und Brennstoffzelle sowie der Einsatz von Biokraftstoff und Bioalkoholen nicht vernachlässigt werden.[218]

Der Elektroantrieb ist der zum heutigen Zeitpunkt am weitesten ausgereifte alternative Antrieb. Er ermöglicht ein völlig abgasfreies Fahren und ist damit als ökologisch vorteilhaft einzustufen. Hauptproblem ist jedoch die Tatsache, daß bei Elektroautos das Abgasproblem an die Energiequelle verlagert wird; der Einsatz von Elektroautos macht folglich ökologisch gesehen nur dann Sinn, wenn zur Energiegewinnung regenerative und saubere Energiequellen eingesetzt werden.[219]

Ein weiteres Problem beim Einsatz von Elektroautos bereitet auch die Batterie als Energiespeicher. Nach dem heutigen Stand der Technik müssen, damit akzeptable Fahrleistungen hinsichtlich Reichweite und Geschwindigkeit erreicht werden können, Batterien von hohem Gewicht und Volumen eingesetzt werden. Weitere Problemaspekte sind die zu kurze Lebensdauer sowie die problematische Entsorgung der Batterien.

---

217 Durch eine Reduktion des Fahrzeuggewichts um 100 kg kann eine Kraftstofferspamis von 0,3 l auf 100 km realisiert werden. Vgl. *Mercedes-Benz AG*: Umweltforum II: Auto und Umwelt, Alternative Antriebe, Verkehrsmanagement, Stuttgart 1996, S. 7.

218 Für eine ausführliche Darstellung des Entwicklungsstandes alternativer Antriebskonzepte vgl. *ebenda*, S. 15 ff.

219 In Deutschland wird die Energie jedoch zu mehr als zwei Dritteln aus nicht sauberen bzw. fossilen Energieträgern gewonnen. Vgl. *Martin Kaltschnit*: Stand und Perspektiven regenerativer Energien in Deutschland, S. 7. Insbesondere im Hinblick auf die aktuelle Diskussion um den Ausstieg aus der Atomkraft ist – zumindest kurzfristig – mit einem Anstieg der Verwendung fossiler Energieträger zu rechnen.

Auch der Wasserstoffantrieb ist – was den Betrieb im Fahrzeug betrifft – als ökologisch vorteilhaft einzustufen, da bei der Verbrennung von Wasserstoff kein Kohlendioxid, sondern die Umwelt nicht belastender Wasserdampf sowie eine geringe Menge Stickoxide entstehen. Jedoch werden zur Elektrolyse von Wasser noch weitestgehend fossile Energieträger eingesetzt, was auch in diesem Fall das Abgasproblem an die Energiequelle verlagert. Ein weiterer Problemaspekt ist der Energiespeicher, denn auch hier ist ein Energiespeicher von hohem Gewicht und Volumen erforderlich.[220]

Der Einsatz von Brennstoffzellen kann die Batterie in Elektroautos ersetzen. Die Brennstoffzellentechnik basiert auf der Oxidation von Wasserstoff, bei der Wasser und elektrische Energie entstehen.[221] Da jedoch auch in diesem Fall Wasserstoff mitgeführt werden muß, wird auch hier wiederum das Abgasproblem an die Energiequelle verlagert. Dieser Aspekt wird entschärft, wenn der Wasserstoff während der Fahrt aus Methanol erzeugt wird. Die bei der Erhitzung von Methanol neben dem Wasserstoff entstehende Kohlendioxidmenge ist weitaus geringer als bei Verbrennungsmotoren.

Bioalkohole werden aus kohlenstoffhaltigen Stoffen wie Erdgas, Kohle oder Biomasse gewonnen. Werden Verbrennungsmotoren mit Bioalkoholen wie beispielsweise Methanol betrieben, entstehen im Vergleich zum Benzinmotor weniger Schadstoffe. Die Werte der heutigen Dieselmotoren hinsichtlich des CO_2-Ausstoßes werden jedoch nicht erreicht. Zudem sind durch den geringeren Energieinhalt größere Speicher notwendig, was wiederum das Fahrzeuggewicht und damit den Verbrauch erhöht. Darüber hinaus müssen neben technischen Änderungen am Kraftstoff- und Zündsystem auch methanolunverträgliche Materialien durch methanolresistente, meist teurere, ersetzt werden.[222]

Biokraftstoffe, wie das Rapsölmethylester, werden aus Pflanzen und damit aus nachwachsenden Rohstoffen gewonnen. Was den reinen Betrieb des Fahrzeuges betrifft, ist die Verbrennung von Biokraftstoffen CO_2-neutral, da das entstehende Kohlendioxid von den Pflanzen zum Wachstum wieder aufgenommen wird. Allerdings wird auch hier das Abgasproblem nur verlagert, da sowohl für den Anbau der Pflanzen als auch für deren Verarbeitung zu Kraftstoff fossile Energieträger eingesetzt werden. Zusätzlich

---

220 Wasserstoff weist zwar ein geringeres spezifisches Gewicht auf als Benzin, allerdings besitzen die Wasserstofftanks, egal ob als Flüssigtanks, Drucktanks oder Metallhydridtanks ein wesentlich höheres Gewicht als Benzintanks.

221 Die Brennstoffzellentechnik wird bereits in der Raumfahrt erfolgreich eingesetzt.

222 Methanol greift sowohl Kunststoffe als auch Metalle stärker an als konventionelle Kraftstoffe.

werden durch die notwendige Düngung auch die Umweltmedien Wasser und Boden belastet.[223]

Ein Vergleich der umweltrelevanten Auswirkungen der dargestellten alternativen Antriebe mit denen der herkömmlichen Antriebe führt zum Ergebnis, daß sich der Einsatz alternativer Antriebe lediglich während des Automobilbetriebes günstiger auf die Umwelt auswirkt. In der Gesamtbetrachtung zeigt sich jedoch, daß das Problem der Luftbelastung an die Energiequelle verlagert wird. Bei Einsatz von Biokraftstoffen und aus Biomasse gewonnenen Bioalkoholen werden darüber hinaus durch den Anbau von Monokulturen sowie die notwendige Düngung auch die Umweltmedien Boden und Wasser belastet.

Ein bei Diskussionen um alternative Antriebe häufig vernachlässigter Punkt sind darüber hinaus die derzeit noch hohen Bereitstellungskosten, die beim Einsatz alternativer Antriebskonzepte anfallen. Darunter sind zu subsumieren zum einen die Anpassungskosten in der Automobiltechnik und zum anderen die Kosten zum Aufbau eines flächendeckenden Versorgungsnetzes.

Trotz der aufgeführten Defizite alternativer Antriebe und der Tatsache, daß sie in Sachen Wirtschaftlichkeit, Leistungsdichte und auch Umweltfreundlichkeit zur Zeit mit den herkömmlichen Antrieben nicht mithalten können, bieten Sie für die Zukunft noch erhebliches Entwicklungspotential und müssen intensiv weiterentwickelt werden, allein schon unter dem Aspekt, daß die Ressource Erdöl endlich ist.

Eine in der Gebrauchsphase der Automobile unter keinen Umständen zu vernachlässigende Komponente hinsichtlich der Gefährdung der Umweltmedien Boden und Wasser ist der ungewollte Verlust von Betriebsflüssigkeiten, wie Kraftstoffe, Öle aus Motor, Getriebe, Differential, Lenkung, Lenkhilfe und Stoßdämpfer sowie Kühlflüssigkeit, Klimaanlagenfüllung, Batteriesäure und Bremsflüssigkeit. Auch regelmäßige Werkstattbesuche schließen diese Gefahr nicht aus. Oft wird der Verlust von Betriebsflüssigkeiten zu spät bemerkt.

Von seiten der Automobilhersteller sollte das Bestreben dahingehen, diesen ungewollten Verlust von Flüssigkeiten weitestgehend auszuschließen. Mögliche Maßnahmen sind der Einsatz von doppelwandigen Behältern oder entsprechende Frühwarneinrichtungen, die eventuelle Verluste rechtzeitig anzeigen. Da jedoch trotz entsprechender Vorkehrungen von seiten der

---

223 Zum Einsatz von Rapsölmethylester im Fahrzeugbetrieb vgl. auch *B.A. Widmann*: Pflanzenöl als Energieträger – Kraftstoffeigenschaften, Emissionen, Erfahrungen, in: VDI (Hrsg.): Regenerative Energien: Betriebserfahrungen und Wirtschaftlichkeitsanalysen der Anlagen in Deutschland, VDI-Bericht Nr. 851, Düsseldorf 1991, S. 365-379.

Automobilhersteller ein Betriebsflüssigkeitsverlust nie ganz auszuschließen sein wird, sollten entgegen der häufig von seiten der Wasserwirtschaftsämter geforderten sich selbst entwässernden Flächen aus diesem Grund insbesondere PKW-Abstellflächen flüssigkeitsundurchlässig ausgebildet werden.

Gerade auch beim Werkstattbesuch ist das Umweltgefährdungspotential besonders hoch. Infolgedessen sollte der Umweltschutz im Kundendienstbereich eine ebenso wichtige Rolle spielen wie bei der Herstellung der Kraftfahrzeuge. Ein Teil der Automobilhersteller bietet bereits den ihnen angeschlossenen Handels- und Werkstattbetrieben durch die Zusammenarbeit mit Institutionen wie der DEKRA Umwelt GmbH, der LUEG Umweltschutz GmbH oder den Technischen Überwachungsvereinen (TÜV) ein auf den jeweiligen Betrieb abgestimmtes Umwelt-Dienstleistungspaket. In diesem Zusammenhang werden in speziell für die Vertragspartner erstellten Umweltschutzhandbüchern unter anderem betriebliche Abwasserkonzepte, wie zum Beispiel Aspekte der Wasserkreislaufführung und der Abwasseraufbereitung, vorgestellt.[224] Ein weiterer Schwerpunkt dieser Umweltschutz-Handbücher ist ein Maßnahmenkatalog gegen Bodenkontaminationen, die aus unsachgemäßem Umgang mit wassergefährdenden Stoffen resultieren.

Eine weitere Gefahrenquelle stellt das Betanken der Kraftfahrzeuge dar. Tankstellen sind Anlagen zum Umgang mit wassergefährdenden Stoffen und müssen flüssigkeitsundurchlässig nach § 19 g WHG ausgebildet sein. Da jedoch die Gefahr der Bodenkontaminationen auch bei ordnungsgemäßer Befestigung der Tankabfüllfläche nicht vollständig ausgeschlossen werden kann, sollten Kraftfahrzeuge mit größeren Tankbehältern bestückt werden, wodurch die Anzahl der Tankbefüllungen über die Nutzungsdauer der Kraftfahrzeuge und damit auch das Umweltgefährdungspotential verringert werden kann.

Straßenverkehrslärm wird von der Bevölkerung im allgemeinen als störend empfunden.[225] Im Laufe der Zeit hat sich als eigener Fachbereich die „Fahrzeugakustik" entwickelt, deren Ziel darin besteht, die Außen- und Innengeräusche von Straßenfahrzeugen zu reduzieren.

Neben direkten Lärmminderungsmaßnahmen, die direkt an den geräuschabstrahlenden Baugruppen ansetzen, müssen vor allem auch indirekte Lärmminderungsmaßnahmen, wie konstruktive Verbesserungen an Motor-

---

224 Vgl. beispielsweise *Volkswagen AG*: Umweltschutz und Entsorgungspraxis im Service Betrieb, Bd. I, Ausgabe September 1996, 1-17 1.0 - 1-17 15.0.

225 Meßvorschriften und Grenzwerte des Außengeräusches von Kraftfahrzeugen sind geregelt in 96/20 EG und DIN ISO 362.

raumauskleidungen, Schalldämpfersysteme oder Haubendämmung, noch intensiver erforscht werden.[226]

Ab einer bestimmten Geschwindigkeit wird das Außengeräusch von Kraftfahrzeugen durch das Reifen-Fahrbahn-Geräusch dominiert.[227] Als Einflußgrößen des Reifen-Fahrbahn-Geräusches sind sowohl der eingesetzte Fahrbahnbelag als auch der Profilaufbau der Reifen zu betrachten, wobei sich bei Untersuchungen herausstellte, daß Änderungen im Profilaufbau des Reifens zwar die Zusammensetzung des Reifengeräusches verändern, der Absolutpegel jedoch nur im Zusammenhang mit dem gewählten Straßenbelag zu reduzieren ist. Aus diesem Grund muß von seiten der Automobilindustrie eine Zusammenarbeit mit der Straßenbauindustrie hinsichtlich der Entwicklung leiserer Fahrbahndecken angestrebt werden.[228]

IV. Reduktion umweltschädigender Einflüsse während der Entsorgungsphase

Trotz hoher Lebensdauer, Instandsetzung und Aufarbeitung ist bei jedem Kraftfahrzeug bzw. bei jeder Kraftfahrzeugkomponente die Fahr- bzw. Gebrauchsfähigkeit irgendwann erschöpft. Infolgedessen ist bereits während der Entwicklung der Kraftfahrzeugkomponenten auch an deren Lebensende zu denken und bei der Konstruktion auch die Rückgewinnung der Werkstoffe zu berücksichtigen.

Nach dem Ausbau der wirtschaftlich verwertbaren Aggregate, wie Motor, Anlasser, Lichtmaschinen etc., mit dem Ziel des Produktrecycling werden Altautos in Shredderanlagen mechanisch zerkleinert. Im Zuge dieses Verfahrens wird lediglich ein Gewichtsanteil von ca. 75% des Gesamtfahrzeuges verwertet. Diese 75% setzen sich zusammen aus Stahl, Gußeisen und Nichteisenmetallen wie Aluminium, Kupfer, Blei und Magnesium

---

226 Geräuschabstrahlende Baugruppen am Automobil sind der Motor, die Hilfsaggregate wie Generator, Lüfter, Einspritzventile, Ölpumpe, elektrische Kraftstoffpumpe, Ketten- und Riemenantrieb, Lader und Anlasser sowie die Elemente der Kraftübertragung. Hinsichtlich der Lärmminderungsmaßnahmen für diese Baugruppen konnten in den letzten Jahren erhebliche Fortschritte verzeichnet werden. Vgl. hierzu *Verein Deutscher Ingenieure*: Geräuschanteile von Kraftfahrzeugen: Meßtechnische Erfassung und Bewertung, VDI-Richtlinie 2563, Düsseldorf 1990, S. 2 ff.

227 Für Personenkraftwagen ist dies ab einer Geschwindigkeit von 50 km/h bei Fahrt mit konstanter Geschwindigkeit im großen Gang der Fall. Vgl. *Verein Deutscher Ingenieure*: Geräuschanteile von Kraftfahrzeugen: Meßtechnische Erfassung und Bewertung, S. 10.

228 Von einigen Automobilherstellern wird diese zweiseitige Zusammenarbeit bereits geleistet. Vgl. *Volkswagen AG*: Der Umweltbericht von Volkswagen, S. 91.

(Abbildung C-3). Die Recyclingquoten für Eisen und Stahl liegen bei fast 100%, für Nichteisenmetalle bei 90%.

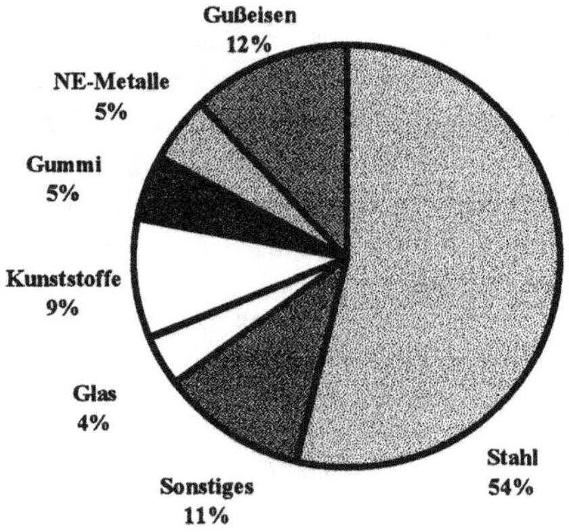

Abb. C-3: Materialanteil am Leergewicht von PKWs bei der Verschrottung[229]

Die 25% nicht verwerteter Gewichtsanteil des Gesamtfahrzeuges stellt die Shredderleichtmüllfraktion dar, bestehend aus Kunststoffen, Gummi und Glas (Abbildung C-4).[230] Die Shredderleichtmüllfraktion wird trotz häufiger Verunreinigungen durch Reste von Betriebsflüssigkeiten, polychlorierten Biphenylen und Schwermetallen wie Cadmium und Blei fast ausschließlich auf Hausmülldeponien verbracht. Aufgrund des ständig wachsenden Kunststoffanteils im PKW, des Einsatzes anderer Nichtmetall-Werkstoffe sowie gestiegener Zulassungszahlen wird die Masse des Shredderleichtmülls weiter zunehmen. Zudem steigen die Kosten für die Deponierung des Shredderleichtmülls stetig an.

---

229 Daten entnommen aus *Markus Ophoff* und *Felix Gruber*: Altautoverwertung – Probleme und zukünftige Anforderungen, in: Entsorgungspraxis, 13. Jg. (1995), Heft 7-8, S. 51.

230 Vgl. *Bundesministerium für Umwelt, Naturschutz und Reaktorsicherheit* (Hrsg.): Begründung zur Altauto-Verordnung, S. 1 f. Vgl. hierzu auch *Reinhard Hoock*, *Ulrich Schlotter* und *Jürgen H. Schult*: Werkstoffliche Verwertung von Kunststoffen aus Altfahrzeugen – Möglichkeiten und Grenzen, in: Kunststoffe, 86. Jg. (1996), Nr. 8, Sonderdruck, sowie *o.V.*: Wertvolle Erkenntnisse, S. 58.

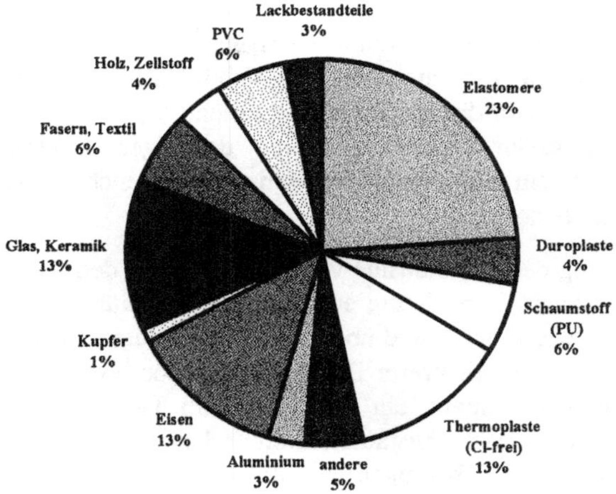

Abb. C-4: Zusammensetzung der Shredderleichtmüllfraktion[231]

Der Entwurf der Altauto-Verordnung nimmt im Rahmen der Rücknahmeverpflichtung der Hersteller eine Übertragung der Verantwortung für eine ordnungsgemäße Entsorgung und Verwertung der Altfahrzeuge auf die Automobilindustrie vor, was auch eine Reduktion des Shredderleichtmülls einschließt. Um einer staatlichen Regelung vorzugreifen, wurde von allen beteiligten Wirtschaftszweigen eine Selbstverpflichtungserklärung vorgelegt, in der die Reduktion der Shredderleichtmüllfraktion von heute 25% Gewichtsanteil des Automobils auf maximal 5% im Jahr 2015 zugesagt wird.[232]

Damit diese Selbstverpflichtung von seiten der Automobilindustrie erfüllt werden kann, durchlaufen Prototypen neuer Modelle nicht mehr nur die bislang bekannten Versuchszyklen zur Betriebserprobung. Sie werden zusätzlich auf ihre spätere Wiederverwertbarkeit untersucht. Die dabei gewonnenen Erkenntnisse fließen unmittelbar in die Konstruktion des Serien-

---

231 Daten entnommen aus *Markus Ophoff* und *Felix Gruber*: Altautoverwertung, S. 51.

232 Vgl. Freiwillige Selbstverpflichtung zur umweltgerechten Altautoverwertung (PKW) im Rahmen des Kreislaufwirtschaftsgesetzes vom 21.02.1996, Punkt 3.4.

automobils bzw. in die Entwicklung noch besser zu verwertender Fahrzeuge ein.[233]

Für Forschungszwecke hinsichtlich der späteren Wiederverwertbarkeit der Automobile betreiben die meisten Automobilhersteller eigene Autoverwertungsbetriebe.[234] Um die Rücknahmeverpflichtungen zu erfüllen, müßten die Automobilhersteller jedoch mehrerer derartiger Demontagebetriebe betreiben. Aus diesem Grund bedient sich die Automobilindustrie hierfür sachverständiger Dritter.[235]

Die Realisierung der Rückführung von Altmaterial in den Stoffkreislauf als Kernpunkt der Altauto-Verordnung erfordert, daß Qualität und Quantität der Stoffströme hinreichend hoch und über längere Zeiträume konstant sind, was nur über die Vernetzung mehrerer Demontagebetriebe erreicht werden kann. Zudem kann darüber hinaus ein Netzwerk von Demontagebetrieben die wachsende Nachfrage nach Austauschteilen insbesondere für die „zeitwertgerechte Reparatur" von Fahrzeugen im Alter zwischen vier und sechs Jahren sowohl hinsichtlich der Liefer- als auch der Qualitätssicherheit besser befriedigen als unvernetzt arbeitende Verwerter. Aus diesem Grund haben sich

---

233 In Zusammenarbeit mit der BMW AG wurde in der Abteilung Werkstoffmechanik des Instituts für Technische Mechanik der TU Clausthal das computergestützte Gesamtkonzept für die Altautoentsorgung „CAR (Computer Aided Recycling)" entwickelt. Kernstück hiervon ist eine recyclingorientierte Software, mittels derer alle Informationen bzgl. Demontagedaten (beispielsweise Zerlegezeit und -grad oder Entfügewerkzeug) und Werkstoffdaten verwaltet, strukturiert und aufbereitet werden. CAR stellt damit auf der einen Seite eine wertvolle Unterstützung zur recyclinggerechten Konstruktion dar; auf der anderen Seite dient CAR jedoch auch als Anleitung für die dezentrale Fahrzeugdemontage bei Altautoverwertungs- und Shredderbetrieben. Vgl. hierzu ausführlich *Werner Hufenbach* und *Georg Archodoulakis*: Computer Aided Recycling – Altfahrzeuge werden wiederverwertungsgerecht demontiert, in: Umwelt Magazin, 21. Jg (1992), Nr. 11, S. 32-34.

234 So erstellte beispielsweise VW die erste teilautomatisierte Automobil-Demontageanlage der Welt in Leer. Näheres zu dieser Anlage vgl. unter anderem *Hartmut Kowsky-Kawelke*: Kesse Slogans, in: Wirtschaftswoche, 46. Jg. (1992), Nr. 29, S. 64, *o.V.*: Wertvolle Erkenntnisse, S. 58-60, *o.V.*: Schrott ist nicht gleich Müll, in: Automobil-Produktion, 4. Jg. (1990), November, S. 108-109, sowie *Gerhard Wirsig*: Volkswagen testet die Demontage von Altautos, in: Umwelt Magazin, 19. Jg. (1990), Juni, S. 54-55. Vgl. hierzu auch das BMW-Pilotprojekt in Landshut in *o.V.*: In neun Stunden kurz und klein, in: Automobil-Produktion, 4. Jg. (1990), November, S. 116-118.

235 Erste Überlegungen über ein mögliches Konzept zur Altautoverwertung wurden von seiten des VDA bereits Anfang der neunziger Jahre vorgelegt, wobei der lizenzierte Altautoverwerter der Mittelpunkt des Fahrzeugrecycling darstellte. Vgl. *Hans-Günther Haldenwanger* und *Siegfried Schäper*: Ressourcenschonung durch Recycling, in: ATZ Automobiltechnische Zeitschrift 93 (1991), Nr. 11, S. 680 ff. Zu den logistischen Aufgaben, die sich mit dem Einstieg in die Kreislaufwirtschaft im Rahmen der Altfahrzeuge ergeben, vgl. *Gösta B. Ihde* und *Eckart Dutz*: Kreislaufwirtschaft – Eine logistische Herausforderung, in: Peter Eichhorn (Hrsg.): Ökologie und Marktwirtschaft: Probleme, Ursachen und Lösungen, Wiesbaden 1996, S. 133 ff.

die meisten deutschen Automobilhersteller und ein Großteil der Importeure dazu entschlossen, bundesweit arbeitende Netze zu beauftragen.[236]

Das Materialrecycling von Altfahrzeugen unterscheidet sich vom Produktrecycling derart, daß nur die in den zu entsorgenden Kraftfahrzeugen verarbeiteten Materialien als Sekundärwerkstoffe zurückgewonnen werden, nicht jedoch die Bauteile der Kraftfahrzeuge selbst. Die durch das Materialrecycling zurückgewonnenen Materialien werden als Sekundärwerkstoffe mit gleicher Qualität wie die Primärwerkstoffe wiederverwertet oder als Sekundärwerkstoffe minderer Qualität gegenüber den Primärwerkstoffen weiterverwertet. Es lassen sich drei Stoffgruppen unterschieden: metallische Stoffe, die in der Primär- und Sekundärhüttenindustrie als Vorstoffe eingesetzt werden können, Polymerwerkstoffe und andere Nichtmetalle.

Das recyclinggerechte Konstruieren eines Kraftfahrzeuges kann dem Konstrukteur nur gelingen, wenn er auch die Vorgänge bei der Altfahrzeugdemontage und den Recyclingprozessen der jeweiligen Stoffe kennt.[237] Während die für das Produktrecycling dargestellten Aufbereitungsschritte für den Konstrukteur insofern leichter nachvollziehbar sind, als daß bei der Aufarbeitung größtenteils die dem Konstrukteur bekannten Fertigungs- und Montageverfahren zum Einsatz kommen, sind im Gegensatz dazu die Vorgehensweise des Materialrecycling sowie die Anforderungen der unterschiedlichen Verwertungsverfahren der einzelnen Werkstoffe für den Konstrukteur ein weitestgehend unbekannter Aufgabenbereich. Darüber hinaus muß eine materialrecyclinggerechte Konstruktion von Automobilen an die vorhandenen Recycling- und Entsorgungstechnologien angepaßt werden. Dabei bleibt jedoch unberücksichtigt, daß – gerade was Recycling- und Entsorgungstechnologien betrifft – noch ein hohes Entwicklungspotential besteht und die heutigen Technologien nicht auch noch dann gültig sein müssen,

---

236 Es sei als Beispiel hierfür das von der Preussag Recycling GmbH entwickelte Kooperationsmodell genannt. Dieses Modell fördert „...die Zusammenarbeit zwischen selbständigen, mittelständischen Unternehmen, die regionale Aufgaben erfüllen, und einem Konzernunternehmen, das sein Know-how zur Verfügung stellt und überregionale Koordinations- und Integrationsaufgaben übernimmt." *Dieter Schmid* und *Daniel Goldmann*: Automobilrecycling im Netzverbund, S. 74. Das System ähnelt dem des Franchising, ist jedoch hinsichtlich Befugnisse und Handlungsspielraum der Kooperationspartner freier. Vgl. zu diesem Modell ausführlich *Dieter Schmid* und *Daniel Goldmann*: Automobilrecycling im Netzverbund, S. 76 ff. Zu einem ähnlich aufgebauten Konzept vgl. *Trienekens R+T Entsorgung*: Alte Autos – neue Anforderungen, Viersen o.J.

237 Vgl. *J. Barrenscheen* und *M. Renken*: Recyclinggerechte Verbindungstechnik im Automobil, in: VDI (Hrsg.): Recyclinggerechte Produktentwicklung: Aspekte, Strategien, Konstruktionspraxis, VDI-Bericht Nr. 1089, Düsseldorf 1993, S. 47.

wenn das Kraftfahrzeug schließlich dem Materialrecycling zugeführt wird.[238] Dieses Problem fällt um so mehr ins Gewicht, je stärker der in Abschnitt C.III.1 diskutierte Aspekt der Lebensdauerverlängerung an Bedeutung gewinnt.

Die Demontage der Kraftfahrzeuge beginnt mit dem Trockenlegen, dem sogenannten „Drain off", bei dem die Batterien sowie Betriebsflüssigkeiten wie Motor-, Getriebe-, Stoßdämpfer-, Differential- und Hydrauliköl, Kraftstoffe, Bremsflüssigkeit, Scheibenwischwasser, Kühlerflüssigkeit und Schmierfette sowie bei Automobilen mit Klimaanlage auch Kältemittel gesammelt und von qualifizierten Verwertern wieder aufgearbeitet werden.[239] Damit die Schadstoffbelastung des Shredderleichtmülls sowie der Trockenlegungsaufwand möglichst gering gehalten werden, müssen bestimmte Bauteile des Automobils so konstruiert werden, daß Betriebsflüssigkeiten leicht und vollständig entnommen werden können. Je weniger Betriebsflüssigkeiten im Altfahrzeug zurückbleiben, desto geringer ist die Schadstoffbelastung der nach dem Shredderprozeß verbleibenden Shredderleichtmüllfraktion, und desto geringer ist die Umweltbelastung bei deren späteren Entsorgung durch thermische Behandlung oder oberirdische Ablagerung auf Sonderabfall-, Hausmüll- oder Monodeponien.

Mit dem anschließenden Ausbau der Austauschteile wird die in vorliegender Arbeit bisher strikt getrennte Betrachtung der Kreislaufarten unterbrochen. Der Weg des Kraftfahrzeugmotors bei der Altautoentsorgung zeigt, daß Produkt- und Materialrecycling in der Realität meist miteinander gekoppelt anzutreffen sind. Vor der Freigabe des Altfahrzeuges zum Shreddern wird der Kraftfahrzeugmotor ausgebaut und der Austauschteilefertigung der Automobilhersteller zugeführt. Nach dem Ausscheiden eines Kraftfahrzeugmotors aus der Nutzungsphase lassen sich jedoch nur bestimmte Bauteile für einen Austauschmotor fertigungstechnisch aufarbeiten und dem Produktrecycling zuführen. Die nicht mehr aufzuarbeitenden Bauteile werden dem Materialrecycling zugeführt.

---

[238] Dies gilt auch für das Shredderverfahren, das nach dem heutigen Stand der Technik am besten dafür geeignet ist, sortenreinen Schrott auszubringen. Es ist jedoch nicht gesagt, daß es in Zukunft keine anderen Verfahren gibt, die das gleiche oder gar ein besseres Ergebnis liefern. Welche Zeiträume bei der recyclinggerechten Konstruktion überbrückt werden müssen, zeigt das Beispiel des Automobilherstellers BMW, der im Jahre 1990 davon ausging, daß vom Beginn der Entwicklung recyclinggerechter Fahrzeuge bis zu deren Verschrottung ein Zeitraum von 25 Jahren verstreichen kann. Vgl. *Gerhard Wirsig*: Noch ein Vierteljahrhundert schwer entsorgbare Autos, in: Umwelt Magazin, 19. Jg. (1990), August, S. 19. Während dieser Zeit werden natürlich auch Fortschritte bei Recycling- und Entsorgungstechnologien zu verzeichnen sein.

[239] Vgl. Anhang zu Artikel 1 § 3 Absatz 1 AltautoV.

Nach Entfernung der großen Kunststoffgruppen – wie etwa Instrumententafeln und Sitze – sowie nach dem Ausbau von Scheiben, Schläuchen, Dichtungen, Kabeln, Katalysator[240] und der Batterie wird die Karosserie dem Shredderprozeß zugeführt, in dem die metallischen Teile des Automobils fast sortenrein separiert und wiederverwertet werden können.[241] Der Rest enthält Nichtmetalle in derart verunreinigter und vermischter Form, so daß keine wirtschaftliche Verwertung möglich ist bzw. dieser zunehmend als Sondermüll deponiert werden muß. Die Nichtmetalle werden nur dann dem Materialrecycling besser zugänglich sein, wenn die aus Nichtmetallen bestehenden Produkte und Bauteile vor dem Shredderprozeß demontiert werden können, um sauber getrennte Fraktionen zu erhalten, die in sich anschließenden Prozessen wieder rezykliert werden können.

Die Wirtschaftlichkeit der Altautoverwertung wird wesentlich vom Anteil der Materialien bestimmt, die auf höchstem Niveau wiedereingesetzt werden können.[242] Absolute Voraussetzung für das Hochwertrecycling ist daher die sortenreine Trennung der verschiedenen Materialien. Je sortenreiner die Altstoffe, desto höher sind die Rückgewinnungsquoten.[243] Um eine sortenreine Trennung der Materialien zu realisieren, ist in erster Linie eine Möglichkeit zur Identifizierung der einzelnen Bauteile notwendig, was unter anderem durch eine maschinenlesbare Kennzeichnung (zum Beispiel Nummernsystem) von Teilen oder Baugruppen ermöglicht wird. Diese Kennzeichnung sollte Informationen geben hinsichtlich der verwendeten Werkstoffe, der geeigneten Altstoffgruppen, der Baustruktur, der Demontagemöglichkeiten sowie der geeigneten Aufbereitungs- und Verwertungstechnologien.[244] Außerdem sind besonders hochwertige und knappe Wertstoffe gut zu kennzeichnen und zerlegungsgerecht anzuordnen. Das

---

240 Das Recycling von Auto-Abgaskatalysatoren ist in erster Linie auf die Rückgewinnung der darin eingesetzten Edelmetalle konzentriert. Vgl. hierzu ausführlich *Helmut Stoll*, *Hans-Günther Kleinschmidt* und *Hans-Joachim Pittner*: Recycling von Auto-Abgaskatalysatoren: eine bedeutende Edelmetall-Sekundärquelle der Zukunft, in: Entsorgungspraxis-Spezial, 9. Jg. (1991), Nr. 1, S. 29-33.

241 Eine Shredderanlage ist nach Punkt 2.2.1 Technische Anleitung zur Verwertung und sonstigen Entsorgung von Shredderrückständen (TA Shredderrückstände) „...eine Anlage, die nach dem Prinzip einer Rotormühle arbeitet und Altkraftfahrzeuge zerkleinert." 95% der im Inland ausgemusterten PKW werden dem Shredderprozeß zugeführt, der Rest wird exportiert. Vgl. *Rolf Steinhilper*: Umweltschutz als Produktionsfaktor – technische Herausforderungen und wirtschaftliche Potentiale der neuen Dimension „Recycling", in: Fortschrittliche Betriebsführung und Industrial Engineering, 41. Jg. (1992), S. 60.

242 Vgl. *o.V.*: Wertvolle Erkenntnisse, S. 58.

243 Und desto geringer sind auch die Umweltbelastungen der Recyclingprozesse, da beispielsweise energieintensive und umweltbelastende Sortier- bzw. Reinigungsprozesse entfallen.

244 Zu einem möglichen Kennzeichnungsschema vgl. *Verein Deutscher Ingenieure*: Konstruieren recyclinggerechter technischer Produkte, S. 27 f.

gleiche gilt für Stoffe, die bei der Aufbereitung oder Verwertung eine Gefahr für Mensch, Anlage oder Umgebung darstellen.

Gelingt es, Fahrzeugteile so zu konstruieren, daß zum Beispiel durch Funktionsintegration, Eigenverstärkungen durch technologische Maßnahmen, Rippenanordnungen und sonstige Gestaltungsmaßnahmen eine Einstoff-Integralkonstruktion ermöglicht wird, sind die Voraussetzungen für ein Hochwertrecycling schon von vornherein erfüllt. Wenn sich Einstoffprodukte aus funktionalen Gründen nicht realisieren lassen, müssen Bauteile aus unterschiedlichen Werkstoffen so gestaltet sein, daß diese gemeinsam problemlos verwertet werden können. Der Konstrukteur muß sich in diesem Fall an Werkstoffverträglichkeitsmatrizen orientieren.[245]

Da Kunststoffe den größten Anteil an der problematischen Shredderleichtmüllfraktion ausmachen, hat sich die Automobilindustrie in den letzten Jahren verstärkt darum bemüht, die in Kraftfahrzeugen eingesetzten Kunststoffe dem Recycling zugänglich zu machen. Im Rahmen einer gemeinsamen Untersuchung von Experten der Kunststoff- sowie der Automobilindustrie wurden ausgewählte Bauteile hinsichtlich der technisch möglichen sowie der wirtschaftlich sinnvollen Verwertung untersucht.[246] Dabei konnten jedoch auch frühere Vermutungen, daß aufgrund der geringeren Qualität der rezyklierten Kunststoffe eine originäre stoffliche Nutzung nur begrenzt möglich ist, bestätigt werden.[247] In vielen Fällen würde auch durch die Verwendung von Kunststoffrezyklaten das Fahrzeuggewicht durch eventuell notwendige höhere Wandstärken ansteigen. Der hieraus resultierende höhere Treibstoffbedarf kann die Umweltentlastung, die sich aus der Ressourcenschonung ergibt, unter Umständen wieder kompensieren.[248]

Untersuchungen haben gezeigt, daß mit zunehmender Masse an demontierten Kunststoffen der Zeitaufwand für deren Demontage überproportional steigt. Die Wirtschaftlichkeit der Kunststoffdemontage aus Altfahrzeugen wird damit aufgrund ihrer Personalintensität zukünftig zum einen von der Demontagetiefe und zum anderen vom Automatisierungsgrad

---

245 Vgl. hierzu zum Beispiel die Werkstoff-Verträglichkeitsmatrix für Aluminium in *Verein Deutscher Ingenieure*: Konstruieren recyclinggerechter technischer Produkte, S. 31. Kunststoffe sind in der Regel nicht miteinander verträglich. Vgl. hierzu die Verträglichkeitsmatrix bei *Verband Kunststofferzeugende Industrie e.V.*: Kunststoff kann man wiederverwerten: rohstofflich, werkstofflich, energetisch, Frankfurt (Main) o.J., S. 18.

246 Zu den Ergebnissen dieser Untersuchung vgl. *Reinhard Hoock, Ulrich Schlotter* und *Jürgen H. Schult*: Werkstoffliche Verwertung von Kunststoffen aus Altfahrzeugen.

247 Vgl. *ebenda*, sowie *o.V.*: Vom Duroplast zum Füllstoff, in: Automobil-Produktion, 4. Jg. (1990), November, S. 103.

248 Vgl. *Hans-Günther Haldenwanger* und *Siegfried Schäper*: Ressourcenschonung durch Recycling, S. 681.

abhängen.[249] Eine vollständige Automatisierung der Demontage wird jedoch wegen der unterschiedlichen Struktur der Altfahrzeuge in naher Zukunft nicht möglich sein.[250] Auf Basis der bisherigen Erkenntnisse werden mit Demontagekosten zwischen DM 300 und DM 400 pro Fahrzeug kalkuliert – sinnvolle Demontagetiefe vorausgesetzt.[251]

Teilweise nehmen heute schon Kunststoffhersteller zur Sicherung ihrer Absatzmärkte die Kunststoffprodukte am Ende ihrer Lebensdauer wieder zurück, um sie zu rezyklieren und wieder zu verkaufen.[252] Dies setzt jedoch voraus, daß ein sicheres Erkennen unterschiedlicher Kunststoffe durch eindeutige Kennzeichnung ermöglicht wird.[253] Liegen Kunststoffe in vermischter Form vor, so wird die Wirtschaftlichkeit des Kunststoffrecycling infolge meist aufwendiger Trennverfahren reduziert.[254]

Von den drei Kunststoffhauptarten Thermoplaste, Duroplaste und Elastomere sind insbesondere die Thermoplaste auf wirtschaftliche Weise durch Aufschmelzen stofflich wiederzuverwerten. Duromere und Elastomere dagegen sind irreversibel vernetzt und daher nicht schmelzbar. Sie sind lediglich durch aufwendiges chemisches Recycling oder Partikelrecycling verwertbar.[255] Gerade im Bereich der Thermoplaste besteht damit ein hohes

---

249 Vgl. *E. Richter* und *H.-R. Lotz*: Kunststoffrecycling aus Elektronikschrott und Automobilabfällen, in: VDI (Hrsg.): Verwertung von Kunststoffabfällen, VDI-Bericht Nr. 1288, Düsseldorf 1996, S. 32.

250 Vgl. *J. Barrenscheen* und *M. Renken*: Recyclinggerechte Verbindungstechnik im Automobil, S. 54 sowie *E. Richter* und *H.-R. Lotz*: Kunststoffrecycling aus Elektronikschrott und Automobilabfällen, S. 33.

251 Vgl. *E. Richter* und *H.-R. Lotz*: Kunststoffrecycling aus Elektronikschrott und Automobilabfällen, S. 32.

252 Einige Zulieferer der Automobilindustrie sind hier schon seit langem ihrer Zeit voraus, wie das Beispiel der friedola Gebr. Holzapfel GmbH & Co.KG zeigt. Vgl. *o.V.*: Aus alt mach neu, in: Automobil-Produktion, 4. Jg. (November 1990), S. 110-111.

253 Zu diesem Zweck wurde vom Verband der Automobilindustrie eine Empfehlung zur Kennzeichnung von polymeren Werkstoffen herausgegeben, die mittlerweile auf alle im Automobil eingesetzten Werkstoffarten (polymere Werkstoffe, Metalle, Textilien, Naturstoffe) erweitert wurde. In dieser Empfehlung werden „Mindestanforderungen zur Identifizierung des Werkstoffes" festgelegt. Vgl. *Verband der Automobilindustrie e.V.* (Hrsg.): Bauteile von Kraftfahrzeugen: Kennzeichnung der Werkstoffe, VDA-Empfehlung 260, Frankfurt (Main) 1996.

254 Als mögliche Trennverfahren kommen nach dem heutigen Stand der Technik in Betracht das Flotationsverfahren, Schwerkraft-Gegenstrom-Sichter, Schwimm-Sink-Scheider etc. Vgl. zu diesen Verfahren *Verein Deutscher Ingenieure*: Konstruieren recyclinggerechter technischer Produkte, S. 26 f. Untersuchungen haben ergeben, daß nur 16 Gew.-% der aus einem Mittelklassefahrzeug ausgebauten Kunststoffe sortenrein anfallen. 47 Gew.-% müssen vor der Verwertung sortenrein zerlegt werden, 37 Gew.-% fallen als Verbunde an. Vgl. *E. Richter* und *H.-R. Lotz*: Kunststoffrecycling aus Elektronikschrott und Automobilabfällen, S. 34.

255 Das chemische Recycling wird ermöglicht durch Verfahren wie Hydrierung, Hydrolyse, Pyrolyse und Alkoholyse. Vgl. ausführlich zu diesen Verfahren *Walter Kaminsky* und *Hansjörg Sinn*:

Recyclingpotential, das es von seiten der Automobilhersteller zu nutzen gilt – Kennzeichnung, leichte Demontierbarkeit sowie sortenreine Sammlung der Kunststoffe vorausgesetzt.

Unumstritten ist, daß durch das Materialrecycling Rückstandsmengen bedeutend reduziert und damit Ressourcen in Form von Rohstoffen geschont werden. Allerdings wird häufig nicht berücksichtigt, daß das rezyklierte Material erneut in die Produktion von Kraftfahrzeugen einfließt, was damit auch wieder Umweltbelastungen im Zuge der Herstellung der Kraftfahrzeuge nach sich zieht.

Oft wird auch die durch das Recycling gegenüber der Neuproduktion erreichte Energieeinsparung überbewertet, da Recyclingprozesse vor allem bei den für Stoffgemische erforderlichen Trennvorgängen sowie beim Aufbereiten der zurückgewonnenen Stoffe einen hohen Energieeinsatz erfordern.

Der Einsatz von rezyklierten Stoffen kann unter Umständen größere Umweltbelastungen zur Folge haben als die Neuproduktion, oft allein schon durch das Befördern der zu rezyklierenden Stoffe, aber auch durch notwendige Aufbereitungsprozesse, die ihrerseits Produktionsprozesse darstellen. Zu denken ist hier auch an den im Recyclingprozeß notwendigen Einsatz von größtenteils umweltschädigenden Hilfs- und Betriebsstoffen.

Trotz der durch das Materialrecycling verursachten Umweltbelastung darf nicht vernachlässigt werden, daß bei den Recyclingtechnologien noch ein erhebliches Entwicklungspotential besteht. Dieses Entwicklungspotential umfaßt auch die Entwicklung von umweltfreundlicheren Recyclingtechnologien.

Allerdings sollte das Bestreben seitens der Automobilindustrie dahin gehen, noch mehr Kraftfahrzeugkomponenten einem Produktrecycling zugänglich zu machen, da hier die umweltbelastenden Aufbereitungsprozesse des Materialrecycling entfallen. Noch stärker sollte natürlich die Verlängerung der Kraftfahrzeuglebensdauer berücksichtigt werden, weil dabei die durch das Produktrecycling verursachten Umweltbelastungen – unter anderem im Zuge der Beförderung der Komponenten an den Ort der Aufarbeitung sowie bei der Bauteilereinigung – entfallen. Die Verlängerung der Produktlebensdauer gewinnt insbesondere unter dem Aspekt an Bedeutung, daß das Materialrecycling wohl immer sowohl wirtschaftliche als auch technische Grenzen dadurch erfahren wird, daß zum einen eine große Menge der

---

Pyrolyse, *Gerd Rauser*: Verfahren zur hydrierenden Verflüssigung von Kunststoffabfällen, sowie *Günter Bauer*: Alkoholyse – Chemisches Recyclingverfahren für Polyurethane, in: Georg Menges, Walter Michaeli und Muna Bittner (Hrsg.): Recycling von Kunststoffen, München / Wien 1992, S. 243 ff.

verwendeten Stoffe und Verbundstoffe gar nicht oder nur begrenzt rezykliert werden können bzw. daß eine Vielzahl an Stoffen nur in kleinen Mengen anfällt, was eine Rückgewinnung aus wirtschaftlichen Gründen ausschließt.

Von ökonomischer Seite betrachtet, läßt sich der Einsatz von rezyklierten Rohstoffen in der Automobilindustrie überall dort vertreten, wo die Kosten für die Rückgewinnung bzw. für die Weiterverarbeitung rezyklierter Rohstoffe niedriger sind als die Kosten für den Einsatz von Primärrohstoffen. Es ist abzusehen, daß mit zunehmendem Handlungsbedarf auch neue und kostengünstigere Recyclingtechniken entwickelt werden, mit denen auch die zum jetzigen Zeitpunkt nicht als wirtschaftlich zu rezyklierenden erachteten Stoffe einem Materialkreislauf zugeführt werden können.

V. Automobilproduzenten in ihrem Produktentwicklungsumfeld

Ein Großteil der Unternehmen, die ökologiegerechte Produkte entwickeln, ist davon überzeugt, die Realisierung des dargestellten Konzepts im Alleingang zu bewältigen. Ein Unternehmen ist jedoch bei der Erreichung seines Zieles, umweltorientierte Produkte zu entwickeln, auf die Mitarbeit und vor allem auf das Know-how und die Erfahrungswerte seiner Marktpartner angewiesen. Dies trifft insbesondere für ein so komplexes Produkt wie das Kraftfahrzeug zu.

Durch eine offene, unvoreingenommene Zusammenarbeit der Automobilhersteller mit Rohstoffanbietern und Zulieferern gelingt es, den umweltschädigenden Input von Stoffen und Energien zu vermindern bzw. vollständig zu vermeiden. Auf der Outputseite dagegen besteht das Ziel darin, durch eine Zusammenarbeit mit Recycling- und Entsorgungsunternehmen die Art und Menge des unerwünschten Outputs aus Produktion und Konsumtion zu beeinflussen, wobei natürlich die Outputseite von der Inputseite beeinflußt bzw. eingeschränkt wird.[256] Weitere wichtige Marktpartner für den Automobilhersteller sind Umweltschutzinstitutionen, die sowohl input- als auch outputorientiert ihren Beitrag zur Entwicklung eines umweltorientierten Kraftfahrzeuges leisten. Abbildung C-5 zeigt den Automobilhersteller in seinem Produktentwicklungsumfeld.

---

[256] Vgl. hierzu auch die Differenzierung in input- und outputorientierte Konzeptionen bei *Heinz Strebel*: Umwelt und Betriebswirtschaft, S. 93 f., sowie *Heinz Strebel, Erich J Schwarz* und *Michaela M. Schwarz*: Externes Recycling im Produktionsbetrieb, S. 32.

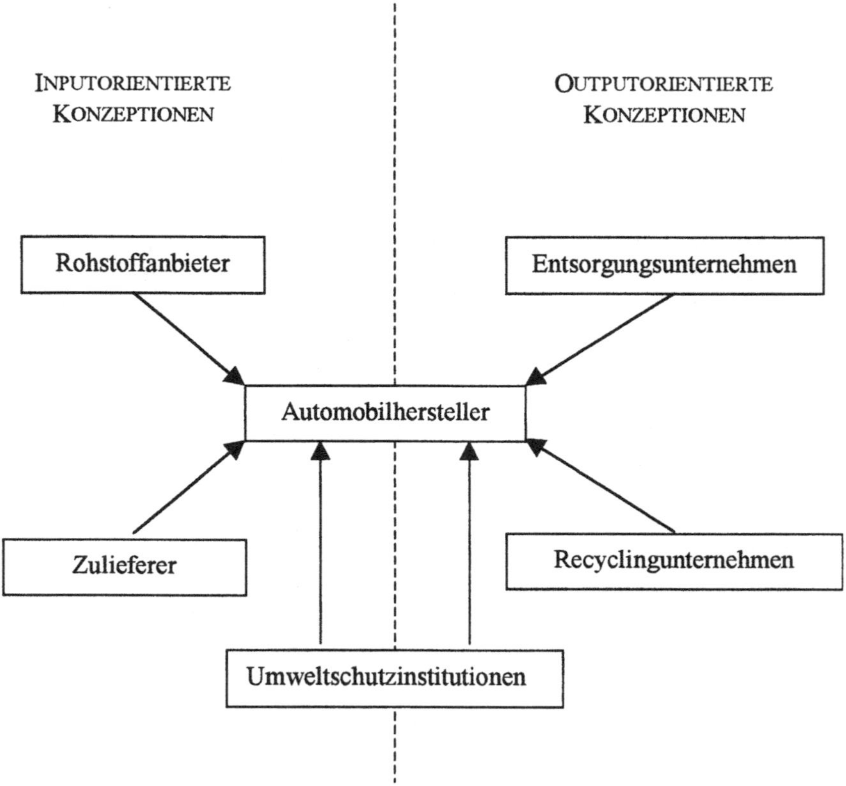

Abb. C-5: Der Automobilhersteller in seinem Produktentwicklungsumfeld

Sowohl Rohstoffanbieter als auch Zulieferer der Automobilindustrie tragen wesentlich zur Umweltorientierung der Kraftfahrzeuge bei. Bei Automobilherstellern mit einer geringen Fertigungstiefe, wie der schwedische Automobilhersteller Saab, hängt die Umweltfreundlichkeit der hergestellten Kraftfahrzeuge größtenteils von den eingesetzten Rohstoffen bzw. den Zulieferteilen ab. Es ist darüber hinaus offensichtlich, daß die alleinige Konzentration auf eine ökologieorientierte Be- und Verarbeitung im eigenen Unternehmen zu eventuell stärkeren Umweltbelastungen in vor- bzw. nachgelagerten Phasen führen kann. Grundsätzlich sollte also auch der Aspekt der Vernetzung zu Unternehmen der vor- und nachgelagerten Stufe berücksichtigt werden.

Bisher noch wenig von seiten der Automobilhersteller forciert wird die Zusammenarbeit mit Recycling- und Entsorgungsbetrieben. Die langjährige Erfahrung der Recyclingunternehmen sowie deren kumuliertes Wissen durch Projekte mit anderen rückstandsproduzierenden Branchen kann in der Phase der Produktentwicklung einen wertvollen Beitrag für die Gewährleistung der Recyclingfähigkeit von Rückständen aus Produktion, Gebrauch und Entsorgung der Kraftfahrzeuge leisten. Darüber hinaus können bei einer langfristig angelegten Zusammenarbeit und den daraus für beide Seiten entstehenden Vorteilen auch die Recyclingkosten wesentlich beeinflußt werden. Da bei künstlichen Kreisläufen ein vollständiges Recycling nicht möglich ist, muß sichergestellt sein, daß bei einer anschließenden Entsorgung die Umwelt so wenig wie möglich belastet wird. Auch hier kann die Erfahrung und das kumulierte Wissen der Entsorgungsunternehmen in der Phase der Produktentwicklung sowohl einen produkt- als auch einen kostenbezogenen Beitrag leisten.

Wichtige Partner sind auch spezielle Umweltschutzinstitutionen wie wissenschaftliche Institute, Planungsbüros für Umweltschutz und Forschungseinrichtungen, von deren umfangreichem Wissen und Erfahrungen mit Projekten anderer Unternehmen der Automobilhersteller in erheblichem Maße profitieren kann. Im Zuge der Zusammenarbeit mit diesen Institutionen bietet sich für Unternehmen auch die Möglichkeit einer Beteiligung an unternehmensübergreifenden Projekten bzw. der Vorteil, von eventuell bereits existierenden Datenbanken zu profitieren.

1. Wahl der Rohstoffe nach ökologischen Aspekten

In Anbetracht der Begrenztheit der natürlichen Rohstoffreserven spielt die Wahl der einzusetzenden Rohstoffe bei der ökologieorientierten Produktgestaltung eine nicht unbedeutende Rolle. Je nach Art der Rohstoffe können die vier Stoffkategorien regenerierbare, rezyklierbare, knappe und umweltbelastende Rohstoffe unterschieden werden.[257]

Zur Gruppe der regenerierbaren Rohstoffe gehören alle Stoffe, die reproduzierbar und biologisch abbaubar sind, wie Holz, Baumwolle, Kautschuk, Sisal und Flachs. Trotz der Vorteile „Reproduzierbarkeit“ und „biologische Abbaubarkeit“ weist der Einsatz regenerierbarer Stoffe auch Nachteile auf. Darunter fallen unter anderem der überhöhte Abbau von Biomassebeständen sowie die künstliche Forcierung der Biomasseproduktion

---

257 Vgl. zu dieser Einteilung auch *Rainer Türck*: Das ökologische Produkt, S. 43 ff.

in Form von Monokulturen.[258] Ein weiterer Nachteil besteht darin, daß regenerierbare Rohstoffe bei bestimmten, technisch geforderten Stoffeigenschaften wie Haltbarkeit, Festigkeit und Hitzebeständigkeit den nichtregenerierbaren Materialien teilweise unterliegen. Daher können sie überwiegend nur in Bereichen mit geringen technischen Anforderungen eingesetzt werden.

In Kapitel C.IV wurde das Materialrecycling von Altfahrzeugen bzw. die Rückführung von Stoffen aus dem Fahrzeugrecycling in die Automobilproduktion oder in externe Produktionsverfahren diskutiert. Ein wichtiger Aspekt bei der Wahl der Einsatzstoffe ist jedoch auch die Verwendung rezyklierter Rohstoffe bzw. Sekundärrohstoffe aus externen Produktionsverfahren in der Automobilproduktion. Der Einsatz von Sekundärrohstoffen aus externen Produktionsverfahren in der Automobilproduktion stellt damit ebenfalls eine Maßnahme zur Entspannung der Rohstoffsituation dar. So können Baumwolltextilfaservliese als Recyclingprodukt aus Konfektionsreststoffen der Textilindustrie in Bereichen mit geringen technischen Anforderungen wie beispielsweise zur Isolation von Motorhauben oder für Kofferraumauskleidungen und -abdeckungen eingesetzt werden. Ein weiteres Beispiel ist der Holzfaserformstoff „Lignotock", der aus Kiefernhackschnitzeln, die in Sägewerken bei der Fertigung von Balken und Brettern anfallen, hergestellt und in der Automobilindustrie zur Verkleidung von Türen, Hutablagen und Armaturentafelträgern eingesetzt wird.[259]

Als knapp bzw. nicht regenerierbar werden alle Rohstoffe bezeichnet, die nicht in unbegrenzter Menge vorhanden sind bzw. sich nicht in unbegrenzter Menge regenerieren; sie werden in oder auf der Erdkruste gefunden. Seit längerem ist bekannt, daß die Erde noch ein hohes Rohstoffpotential aufweist; allerdings können keine genauen Angaben über die Größe der Rohstoffvorräte gemacht werden, da diese vom jeweiligen Stand der Gewinnungs- und Verwertungstechnologien sowie von der Verbesserung der Explorationsverfahren abhängen.

Da das verbleibende Rohstoffpotential aus vorgenannten Gründen nicht sicher abgeschätzt werden kann, sollten die Bemühungen der Automobilhersteller dahin gehen, knappe Rohstoffe durch Substitutionsstoffe zu ersetzen, die aus reichlich vorhandenen Rohstoffen entwickelt werden. Ein Beispiel hierfür ist die Substitution von Mineralölen durch Rapsöl.

---

258 Vgl. *Reinhold Priewasser*: Ökologische Funktionsprinzipien als Orientierungsgröße für wirtschaftliches Handeln, S. 87.

259 Vgl. zu diesen Beispielen *Volkswagen AG*: Der Umweltbericht von Volkswagen, S. 101.

Gerade bei Stoffumwandlungsverfahren besteht oft die Möglichkeit, umweltschädliche Erzeugnisstoffe zu verarbeiten, wobei das Endprodukt selbst nicht umweltschädigend sein muß. Gelingt es, diese umweltschädlichen Stoffe durch umweltfreundlichere zu ersetzen, so läßt sich vermeiden, daß sie während der Fertigung, Lagerung und Transport in die Umwelt entweichen. Beispielhaft sei hier angeführt der Ersatz cyanidhaltiger durch cyanidfreie Elektrolyte in der Galvanotechnik. Die Wahl der Einsatzstoffe und damit die Möglichkeit zur Substitution ist jedoch auch von der verwendeten Verfahrenstechnik abhängig, daher kann eine Stoffsubstitution unter Umständen nur durch gleichzeitige Verfahrenssubstitution vorgenommen werden.

Aus der kurzen Charakterisierung der einzelnen Rohstoffkategorien lassen sich für ein umweltgerechtes Rohstoffmanagement in der Automobilbranche folgende Leitsätze ableiten:

1. Der Rohstoffeinsatz ist zu reduzieren.
2. Umweltschädigende Rohstoffe sind durch umweltfreundliche Rohstoffe zu ersetzen.
3. Nicht regenerierbare oder knappe Rohstoffe sind durch regenerierbare oder rezyklierbare Rohstoffe zu ersetzen.

Zur Realisierung des ersten Leitsatzes ist eine kontinuierliche Überprüfung dahingegen notwendig, inwieweit der bisherige Einsatz von Rohmaterial mengenmäßig reduziert werden kann, denn allein schon eine mengenmäßige Reduktion des Rohstoffeinsatzes entlastet die Umwelt nachhaltig. Durch entsprechende Produkt- bzw. Verfahrensgestaltung, Einhalten optimaler Verfahrensbedingungen sowie Reduktion der Bearbeitungszugaben bzw. Beschaffung von fertigungsgerechtem Material gelingt es, sowohl den Rohstoff- als auch den Betriebsstoffeinsatz zu reduzieren.[260]

Die zweite Stufe des Rohstoffmanagements besteht darin, umweltbelastende Rohstoffe sowie umweltbelastende Betriebsstoffe durch umweltfreundlichere Substitute zu ersetzen. Durch eine intensive Zusammenarbeit mit den jeweiligen Rohstoffherstellern muß untersucht werden, inwieweit umweltfreundlichere Stoffe die technischen Anforderungen des herzustellenden Produktes erfüllen können. In diesem Zusammenhang ist auch an gemeinsame Forschungsprojekte zwischen Automobilhersteller und Rohstofflieferant hinsichtlich der ökologischen Wirkung neuer Stoffe zu denken. Gibt es aufgrund des bisher eingesetzten Fertigungsverfahrens keine Möglichkeit, den

---

260 Vgl. *Heinz Strebel*: Umwelt und Betriebswirtschaft, S. 96.

Einsatz umweltschädigender Stoffe zu reduzieren, müssen beide Seiten ein Lösungskonzept für eine Änderung der Verfahrenswahl erarbeiten.

Die dritte Stufe des Rohstoffmanagements schließlich umfaßt die Substitution nicht regenerierbarer oder knapper Rohstoffe durch regenerierbare oder rezyklierbare Rohstoffe. Auch für diesen Bereich müssen in gemeinsamen Projekten zwischen Automobilhersteller und Rohstofflieferant Aspekte wie Verfahrenswahl, ökologische Wirkung und Erfüllung technischer Anforderungen untersucht werden.

2. Kontinuierliches Öko-Audit der Zulieferer

Es macht für den Automobilhersteller wenig Sinn, nur im eigenen engen Handlungskreis auf ökologieorientierte Produktinnovationen hinzuwirken. Dieses Verhalten führt lediglich zu einer Verlagerung des Umweltproblems. Im Extremfall führen umweltorientierte produktgestalterische Maßnahmen beim Automobilhersteller zu erhöhten Umweltbelastungen beim Zulieferer, wodurch die beim Automobilhersteller erreichten Umweltentlastungen wieder kompensiert werden. Aus diesem Grund müssen alle Vorprodukte und die zur Erzeugung der Vorprodukte eingesetzten Betriebsmittel und angewandten Verfahren hinsichtlich ihrer ökologischen Auswirkungen untersucht werden. Denn auch bei Produktion, Gebrauch und Entsorgung dieser Vorprodukte sowie deren Transport zum weiterverarbeitenden Unternehmen bzw. zum Automobilhersteller entstehen Umweltbelastungen. Bereits bei den Lieferanten wird damit schon die Grundlage der Umweltfreundlichkeit des späteren Produktes gelegt.

Bei der Auswahl der Lieferanten müssen mit dem Ziel der ökologieorientierten Produktgestaltung nicht nur ökonomische sondern auch ökologische Kriterien herangezogen werden.[261] Gegebenenfalls werden die zur Verfügung stehenden Lieferanten mittels Scoring-Modellen bewertet und ausgewählt.

Die Bewertung der Lieferanten sollte unter anderem folgende Kriterien umfassen:[262]

---

[261] Beispielsweise werden mit der durch die Volkswagen AG an Lieferanten seit 1991 vergebenen Formel-Q-Trophäe auch umweltrelevante Gesichtspunkte wie Materialeigenschaften, Herstellungsprozeß und Recyclingfähigkeit bewertet. Vgl. *Volkswagen AG*: Der Umweltbericht von Volkswagen, S. 67.

[262] Vgl. auch *Georg Winter*: Das umweltbewußte Unternehmen, S. 210/211 sowie S. 237, und *Volkswagen AG*: Der Umweltbericht von Volkswagen, S. 66.

- Bekenntnis zum Umweltschutz,
- Bereitwilligkeit und Know-how zur aktiven Zusammenarbeit mit dem Automobilhersteller, um gemeinsam ein ökologieorientiertes Kraftfahrzeug zu entwickeln,
- Belastung der Umwelt durch die beim Zulieferer eingesetzten Produktionsverfahren,
- Existenz eines gut organisierten werkseitigen Verwertungs- und Entsorgungskonzeptes,
- Bereitschaft, Recycling- und Entsorgungskonzepte für die gelieferten Produkte zu generieren,
- Bereitschaft zur Offenlegung der eingesetzten Stoffe sowie der umweltrelevanten Eigenschaften der gelieferten Teile,
- Entgegenkommen bei der Rücknahme der gelieferten Produkte.

Es ist jedoch abzuwägen, ob Zulieferunternehmen, die die inneren Strukturen und die Abläufe beim Automobilhersteller kennen, zugunsten von Unternehmen, die umweltfreundlichere Teile herstellen, ausgewechselt werden sollten. Unter Umständen wird der bisherige Zulieferer sein beim Automobilhersteller gewonnenes Know-how an die Konkurrenz herantragen. Der neue Zulieferer dagegen kann das Know-how, das sich sein Vorgänger in jahrelanger Zusammenarbeit mit dem Automobilhersteller angeeignet hat, nicht vorweisen. In solchen Fällen sollte überprüft werden, ob ein Beibehalten bekannter Zulieferer nicht von Vorteil ist.

Ziel ist es, an den Zulieferer die Produktanforderungen – auch in ökologischer Hinsicht – heranzutragen und ihn in die Entwicklungsphase der Kraftfahrzeuge und ihrer Komponenten zu integrieren.

Die Zusammenarbeit zwischen Hersteller und Zulieferer sollte unter anderem folgende Punkte betreffen:

- Prüfung, inwieweit umweltfreundlichere Zulieferteile den technischen Anforderungen beim Einsatz im Kraftfahrzeug genügen,
- Aufbau eines umweltgerechten Rohstoffmanagements beim Zulieferer,

- Reduktion der Umweltbelastung durch das Zulieferteil während der Herstellung, Lagerung beim Zulieferer, Transport zum Automobilhersteller, Einbau in das Automobil, Gebrauch im Automobil sowie Entsorgung,
- Lebensdauerverlängerung der Zulieferteile.

Vorteile aus einer derartigen Zusammenarbeit entstehen für den Lieferanten vor allem dahingegen, daß er durch seine Orientierung an umweltfreundlichen Einsatzstoffen auch in Zukunft wettbewerbsfähig bleibt. Zum anderen werden durch die intensive Zusammenarbeit auch die geschäftlichen Beziehungen zwischen den Vertragspartnern gefestigt.

3. Recycling- und Entsorgungsbetriebe als kompetente Partner bei der Produktentwicklung

Automobilhersteller sind im Rahmen der in der Altauto-Verordnung verankerten Rücknahmepflicht dazu angehalten, ihren Kunden bzw. Handels- und Werkstattbetrieben zertifizierte Verwertungsbetriebe anzugeben. Nach Artikel 1 § 4 AltautoV konnten Altautos nur noch bis zum 30. Juni 1998 einem Verwertungsbetrieb überlassen werden, der die Einhaltung der Anforderungen nicht nachweisen kann.

Die in der Altauto-Verordnung verankerten umweltrechtlichen Anforderungen an Verwertungsbetriebe werden jedoch nur von einem geringen Teil der derzeit geschätzten 5.000 Schrott- bzw. Altautoverwertungsbetriebe in Deutschland erfüllt.[263] Automobilhersteller sind aus diesem Grund beim Auf- und Ausbau eines flächendeckenden Rücknahme- und Verwertungssystems für Altautos zur Realisierung steigender Verwertungsquoten und umweltgerechter Entsorgung auf die Kooperation der Altautoverwertungs- und -entsorgungsbetriebe angewiesen.

Das durch langfristig angelegte Kooperationen gesicherte Auftragsvolumen bedeutet für die Verwertungs- und Entsorgungsbetriebe, daß gesetzlich erforderliche Investitionen mit geringerem Risiko vorgenommen werden können. Zum anderen leisten die bei den einzelnen Betrieben in der Praxis gewonnenen Erkenntnisse einen wertvollen Beitrag zur Entwicklung recyclinggerechter Fahrzeuge. Trotz der Vorteile, die sich den Verwertern durch direkte Kooperationen mit dem Automobilhersteller oder durch

---

[263] Vgl. *Bundesministerium für Umwelt, Naturschutz und Reaktorsicherheit* (Hrsg.): Begründung zur Altauto-Verordnung, S. 2. Zu den Anforderungen an Altautoverwertungsbetriebe vgl. Anhang zu Artikel 1 § 3 Absatz 1 AltautoV.

Kooperationen innerhalb von Verwertungsnetzen bieten, ziehen sie es teilweise vor, unabhängig zu bleiben.

Die Zusammenarbeit zwischen Automobilhersteller und Recycling- bzw. Entsorgungsunternehmen ist jedoch nicht nur auf den Bereich der Altautoverwertung und -entsorgung begrenzt. Gerade auch im Bereich von Produktionsrückstandsrecycling und -entsorgung ist der Automobilhersteller auf zuverlässige Partner angewiesen. Werden die während der Produktion anfallenden Rückstände nicht regelmäßig von Recycling- und Entsorgungsbetrieben abgefahren, führt dies unweigerlich zu einem Stop in der Produktion.[264]

Durch eine Kooperation zwischen Hersteller und Recyclingunternehmen können in gemeinsamen Projekten auch neue Recyclingtechnologien entwickelt und in der Branche durchgesetzt werden. Ein Beispiel hierfür stellt die Kooperation der Adam Opel AG in Rüsselsheim mit der Höchst AG und der BSB Recycling GmbH in Braubach dar, der es gelungen ist, das in alten bleihaltigen Batteriekästen enthaltene Polypropylen zurückzugewinnen und das Rezyklat für Radkastenauskleidungen wieder einzusetzen.[265]

Unternehmen können auf umweltschädliche Einsatzstoffe nicht vollständig verzichten, da es nicht für jeden Stoff nach dem gegenwärtigen Stand der Technik ein geeignetes Substitut gibt oder es für Unternehmen aufgrund wirtschaftlicher Überlegungen nicht ratsam ist, zum gegenwärtigen Zeitpunkt umweltfreundlichere Rohstoffe einzusetzen. Entsorgungs- und Recyclingunternehmen können in diesem Fall für die Rückstandsumwandlung herangezogen werden. Rückstandsumwandlung beschäftigt sich mit der Beseitigung entstandener Rückstände bzw. Schadstoffe, das heißt mit ihrer „physikalischen und chemischen Transformation in ökologisch unschädliche Substanzen und Energien."[266]

Können Rückstände aus der Produktion nicht rezykliert oder ein umweltschädigender Stoff nicht in ökologisch unschädliche Substanzen umgewandelt werden, bleibt nur die Rückstandsdiffusion, das heißt entweder die gleichmäßige Verteilung von Abfällen in Atmosphäre, Wasser oder Boden unter Nichtüberschreiten der höchstzulässigen Werte oder ein kompaktes räumliches Zusammenfassen eines bestimmten Abfalls oder Schadstoffes auf

---

264 Aus diesem Grund sollten auch bei Rückständen, für die bereits etablierte Verwertungsschienen existieren und eine große Zahl an Recycling- und Entsorgungsunternehmen zur Verfügung stehen, nicht ausschließlich Kosten- bzw. Erlösüberlegungen, sondern auch der Aspekt der Zuverlässigkeit in die Auswahl der zu beauftragenden Unternehmen einfließen.

265 Vgl. *Fuchs, Herbert*: Zeit für Demonteure, in: Wirtschaftswoche, 44. Jg. (1990), Nr. 20, S. 116.

266 *Heinz Strebel*: Umwelt und Betriebswirtschaft, S. 100.

geordneten Deponien.[267] Gerade die Rückstandsdiffusion birgt für den Automobilhersteller ein sehr hohes Risiko, denn er muß sich darauf verlassen können, daß der Abfall ordnungsgemäß entsorgt und nicht einfach auf der „grünen Wiese“ abgelagert oder über die Landesgrenze verbracht wird. Bei Bekanntwerden derartiger Vorfälle kann der Ruf des Automobilherstellers erheblich geschädigt werden.[268] Somit ist bereits bei der Entwicklung der Kraftfahrzeuge zu untersuchen, welche Stoffe nur durch Diffusion zu entsorgen sind und mit welchen Entsorgungsunternehmen eine Zusammenarbeit angestrebt werden kann; die Seriosität der Entsorgungsunternehmen ist zu überprüfen, um das eigene Unternehmen vor Folgeschäden aus unsachgemäßer Entsorgung zu schützen.

4. Unternehmensübergreifende Zusammenarbeit mit speziellen Umweltschutzinstitutionen

Die Zusammenarbeit der Automobilhersteller mit speziellen Umweltschutzinstitutionen, wie wissenschaftlichen Instituten, Planungsbüros für Umweltschutz und Forschungseinrichtungen, kann sowohl input- als auch outputorientierten Konzeptionen zugeordnet werden. Sie wird jedoch insbesondere mit dem Ziel der Rückstandsvermeidung bzw. -minderung vorangetrieben.

Die Kooperation besteht in erster Linie darin, bereits existierende Verfahren in ökologischer Hinsicht zu optimieren bzw. neue, praxisgerechte Möglichkeiten der stofflichen Wiederverwertung zu erarbeiten und innerhalb gemeinsamer Projekte zwischen Institut und Industrie zu erproben bzw. anzuwenden.[269]

Oft werden in den verschiedenen Branchen für gleiche oder ähnliche Probleme mehrere Lösungswege mit unterschiedlichen Umweltwirkungen eingeschlagen. Durch die branchenübergreifende Tätigkeit der Umweltschutzinstitutionen sind diesen die mehr oder weniger erfolgreichen Ansätze bekannt. In Zusammenarbeit mit den Automobilherstellern können auch branchenunübliche Verfahren auf die Automobilindustrie übertragen werden.

---

267 Vgl. hierzu ausführlicher *Heinz Strebel*: Umwelt und Betriebswirtschaft, S. 102 ff.

268 Um dem entgegenzuwirken, werden teilweise der Werkschutz oder Fremdunternehmen damit beauftragt, die ordnungsgemäße Entsorgung zu überwachen.

269 Als Beispiele für derartige Institutionen seien in diesem Zusammenhang das Bayerische Institut für Abfallforschung (BIFA GmbH) sowie das Entsorgung-Consulting-Unternehmen Log-Tech GmbH angeführt. Näheres zu diesen Instituten vgl. *o.V.*: Forschung und Praxis unter einem Dach, S. 128 f., sowie *Karl-Heinz Wehking*: Abfall-Verminderungs- und Vermeidungsstrategien, in: Zeitschrift für Logistik, 1992, Heft 1, S. 44 ff.

So stellt sich bei der Metallverarbeitung allgemein das Problem, den im Zuge des notwendigen Einsatzes von Kühlschmierstoffen entstehenden Sprühnebel durch die Entwicklung nebelreduzierender Zusätze zu verringern. Diesbezüglich ist auch zu prüfen, inwieweit ein aus nachgewachsenen Rohstoffen hergestelltes Kühlschmiermittel in den Anlagen eingesetzt werden kann.

Eine Zusammenarbeit mit speziellen Umweltschutzinstitutionen bietet sich insbesondere auch bei der Koordination des zwischenbetrieblichen Recycling an. Zwischenbetriebliches Recycling gestaltet sich vor allem dann schwierig, wenn beim Automobilhersteller im Rahmen der betrieblichen Kuppelproduktion Rückstände von schwankender Zusammensetzung oder nur in geringer Menge anfallen und ein Recycling durch Recyclingunternehmen aus technischen oder wirtschaftlichen Gründen nicht möglich ist bzw. wenn Rückstände anfallen, für die noch keine etablierte Verwertungsschiene existiert. Die einzige Möglichkeit, diese Stoffe in irgendeiner Weise noch zu verwerten, besteht darin, sie in externe Produktionsverfahren zu integrieren.

Gelingt es dem Hersteller, derartige Rückstände im Produktionsprozeß anderer Unternehmen einzusetzen, liegen die Kosten für die Aufbereitung dieser Rückstände unter Umständen signifikant unter den Deponiegebühren. Gerade in diesem Zusammenhang ist eine intensive Marktkenntnis erforderlich, um den geeigneten Marktpartner zu finden. Diese Marktkenntnis wird ein Automobilhersteller in der Regel nicht vorweisen, was dagegen bei einem unabhängigen Partner, der auch mit anderen Automobilherstellern zusammenarbeitet, der Fall ist.[270]

Ein Beispiel für zwischenbetriebliches Recycling ist der Einsatz von bei der Automobilproduktion anfallendem ölhaltigem Schleifschlamm in Gießereien. Laut LAGA ist Schleifschlamm als Sonderabfall in einer Sonderabfallverbrennungsanlage oder auf einer oberirdischen Sonderabfalldeponie zu entsorgen.[271] Gelingt es jedoch, die im Schleifschlamm enthaltenen öl- und

270 Zu Problemen und Hemmnissen der Marktpartnersuche für das zwischenbetriebliche Recycling vgl. ausführlich *Erich J. Schwarz*: Ökonomische Aspekte regionaler Verwertungsnetze, in: Heinz Strebel und Erich J. Schwarz: Kreislauforientierte Unternehmenskooperationen: Stoffstrommanagement durch innovative Verwertungsnetze, Wien 1998, S. 12 ff., *Karl O. Tiltmann*: Kosten senken durch Recycling, S. 81, sowie *o.V.*: Forschung und Praxis unter einem Dach, S. 128 f.

271 Vgl. Länderarbeitsgemeinschaft Abfall (LAGA) (Hrsg.): LAGA-Informationsschrift Abfallarten, Abfallschlüssel 54710, 3., völlig neubearbeitete und wesentlich erweiterte Auflage, Berlin 1991.

emulsionshaltigen Flüssigkeiten zu entfernen, können die festen Rückstände des Schleifschlamms wieder dem Gießprozeß zugeführt werden.[272]

[272] Die Volkswagen AG erprobt für den bisher als Sonderabfall entsorgten Produktionsrückstand „Schleifschlamm" in Zusammenarbeit mit einem Düsseldorfer Labor für Gießereitechnik einen neuen Verwertungsweg. Die im Schleifschlamm enthaltenen öl- und emulsionshaltigen Flüssigkeiten werden mechanisch abgepreßt. Die festen Rückstände werden zu Pellets geformt, getrocknet, gesintert und eingeschmolzen. Hierzu wurden bereits erste Praxisversuche in einer Lüneburger Gießerei gefahren. Vgl. *Volkswagen AG*: Der Umweltbericht von Volkswagen, S. 76.

D. Ökologische Nutzen-Kosten-Betrachtungen

Ein Unternehmen, das sich aufgrund frühaufklärender Informationen dazu veranlaßt sieht, den Umweltschutzaspekt in seine Innovationsentscheidungen zu integrieren, wird stets bestrebt sein, die für die Entwicklung ökologieorientierter Produkte und Verfahren anfallenden Kosten dem daraus resultierenden ökologischen Nutzen gegenüberzustellen. Sinn und Zweck derartiger ökologischer Nutzen-Kosten-Betrachtungen besteht darin, mit einem bestimmten Aufwand den höchstmöglichen Beitrag zum Umweltschutz zu leisten.

Bei ökologischen Nutzen-Kosten-Betrachtungen werden die in Abschnitt C isoliert behandelten Entwicklungsaspekte in den einzelnen ökologischen Bereichen hinsichtlich ihres ökologischen Nutzens bewertet und den durch diese Maßnahmen verursachten Kosten gegenübergestellt. Nicht immer wird berücksichtigt, daß isoliert betrachtete Entwicklungstätigkeiten hinsichtlich einzelner Umweltaspekte nicht unbedingt auch ein umweltorientiertes Produkt hervorbringen. Bei der Bestimmung des ökologischen Nutzens einzelner Maßnahmen müssen aus diesem Grund auch die Interdependenzen der ökologischen Bereiche berücksichtigt werden.

Entwicklungstätigkeiten, die hinsichtlich der Entlastung eines bestimmten ökologischen Bereiches vorgenommen werden, lassen sich im allgemeinen nicht auf diesen begrenzen, sondern wirken sich auch auf andere Bereiche aus. So zieht eine angestrebte Lärmminderung durch Anlagenkapselung – also eine beabsichtigte Umweltentlastung – in der Regel auch einen höheren Energieverbrauch für den Betrieb der Lüftungseinrichtungen gekapselter Anlagen – und damit eine unbeabsichtigte Umweltbelastung – nach sich. Wird dieser zusätzliche Energiebedarf aus fossilen Energieträgern gedeckt, werden dadurch die Rohstoffreserven sowie das Umweltmedium Luft stärker belastet. Unter Umständen können daher einzelne Maßnahmen negative Gesamtumweltwirkungen zur Folge haben, statt der beabsichtigten positiven Umweltwirkungen.

I. Prinzip der ökologischen Knappheit

Ziel ist es, für sämtliche im betrachteten Unternehmen möglichen Einzelmaßnahmen deren Wirkungen in den jeweiligen ökologischen Bereichen gegenüberzustellen und aus der Summe der vergebenen positiven oder negativen Nutzenwerte den ökologischen Gesamtnutzen des jeweiligen Entwicklungsaspektes zu errechnen. Aus den errechneten Gesamtnutzenwerten lassen sich in einem ersten Schritt die ineffizienten Entwicklungen, bei denen der Gesamtnutzenwert negativ wird, eliminieren. Solche Maßnahmen können zwar zur Verringerung der Belastung in dem jeweils betrachteten ökologischen Bereich beitragen, insgesamt jedoch nimmt die Umweltbelastung bei Durchführung dieser Maßnahmen zu. In einem zweiten Schritt werden dann diejenigen Aspekte ausgewählt, die bei einem vorgegebenen Innovationsinvestitionsbudget den höchsten Nutzwert erzielen. In diesem Zusammenhang werden – wie in Tabelle D-1 dargestellt – nicht nur die bei Durchführung dieser Maßnahmen anfallenden Kosten – wie Forschungs- und Entwicklungskosten oder Kosten für den Einsatz additiver oder integrierter Umweltschutztechnologien – sondern auch die zu realisierenden Einsparungen – zum Beispiel Wegfall der Entsorgungskosten – berücksichtigt.

Tabelle D-1:
Gegenüberstellung von ökologischen Nutzen und Kosten einzelner Maßnahmen

	Ökologische Bereiche	Maßnahme 1	Maßnahme 2	...
Herstellungsphase	Stoffkreislaufführung			
	Entlastung der Umweltmedien Boden			
	Wasser			
	Luft			
	Lärm			
	Energieverbrauch			
Gebrauchsphase	Stoffkreislaufführung			
	Entlastung der Umweltmedien Boden			
	Wasser			
	Luft			
	Lärm			
	Energieverbrauch			
Entsorgungsphase	Stoffkreislaufführung			
	Entlastung der Umweltmedien Boden			
	Wasser			
	Luft			
	Lärm			
	Energieverbrauch			
	Summe der Umweltwirkungen			
	Kosten der Maßnahme abzgl. der dadurch bedingten Einsparungen			

+ : Umweltentlastung
- : Umweltbelastung
0 : keine Umweltwirkungen

Im Zuge der Berechnung des ökologischen Gesamtnutzens besteht die Schwierigkeit darin, „qualitativ verschiedene Umweltwirkungen" gegeneinander abzuwägen, wie beispielsweise die durch das Recycling erreichte Ressourcenschonung gegenüber dem zusätzlichen Energiebedarf bei der Aufbereitung des Rezyklats sowie gegenüber der durch den Rezykliervorgang verursachten zusätzlichen Belastung der Umweltmedien. Es kann in diesem Fall nicht von vornherein festgestellt werden, daß durch ein verstärktes Recycling die Umwelt tatsächlich entlastet wird.

Müller-Wenk schlägt zur Lösung dieses Problems vor, die einzelnen Umweltwirkungen mittels des jeweiligen Ausmaßes der „ökologischen Knappheit" zu vergleichen. „Ökologische Knappheit ist für eine bestimmte Einwirkungsart, bzw. das von dieser betroffene Umweltgut, definiert als eine Funktion des gegenwärtigen Ausmaßes der Summe aller Einwirkungen dieser Art innerhalb eines relevanten räumlichen Bereichs sowie des „kritischen" Ausmaßes dieser Einwirkungen, welcher zum Übergang des entsprechenden Umweltgutes von einem akzeptablen in einen inakzeptablen Zustand führt."[273]

Für jeden ökologischen Bereich wird ein Äquivalenzkoeffizient bestimmt, der die ökologische Knappheit des jeweiligen Bereiches zum Ausdruck bringt. Ein hoher Äquivalenzkoeffizient weist auf hohe ökologische Knappheit, ein niedriger Äquivalenzkoeffizient auf geringe ökologische Knappheit hin. Die Multiplikation des Äquivalenzkoeffizienten (Aek) mit der physikalischen Verbrauchs- bzw. Emissionsgröße (v), die sich aus der bei Durchführung der betrachteten Maßnahme resultierenden Umweltbe- oder -entlastung bestimmt, ergibt den gesuchten ökologischen Nutzwert (N). Dabei werden im Falle von Umwelt*be*lastungen negative, im Falle der Umwelt*ent*lastung positive Vorzeichen vergeben.

$$N = v * Aek$$

[273] *Ruedi Müller-Wenk*: Ökologische Buchhaltung: ein Informations- und Steuerungsinstrument für umweltkonforme Unternehmenspolitik, 1. Auflage, Frankfurt am Main / New York 1978, S. 36. Das Prinzip der ökologischen Knappheit nach Müller-Wenk wird auch in den weiteren Ausführungen zugrundegelegt. Die Ausführungen Müller-Wenks bilden auch heute noch vielfach die Grundlage für Überlegungen zur umweltbezogenen Kostenrechnung. Vgl. hierzu auch *Peter Letmathe*: Umweltbezogene Kostenrechnung, München 1998, zugl. Univ., Diss., Essen 1997.

Im allgemeinen kann die Gleichung zur Bestimmung des Äquivalenzkoeffizienten angegeben werden als:[274]

$$AeK = \frac{1}{V_K - V_G} * \frac{V_G}{V_K} \quad \text{RE/physikalische Einheit}$$

V_G: Gesamtjahresverbrauch für den zu untersuchenden ökologischen Bereich

V_K: kritischer Gesamtjahresverbrauch

Daraus ergibt sich die Gleichung zur Bestimmung des ökologischen Nutzwertes zu

$$N = \frac{v}{V_K - V_G} * \frac{V_G}{V_K} \quad \text{RE}$$

mit $V_K - V_G$: verfügbarer Rest des betrachteten ökologischen Bereiches

$\frac{V_G}{V_K}$: Belastung des betrachteten ökologischen Bereiches

Bei der Bestimmung des Nutzwertes allein aus der Gewichtung des Jahresverbrauches mit dem noch verfügbaren Rest des betrachteten ökologischen Bereiches würde unberücksichtigt bleiben, inwieweit dieser bereits in Anspruch genommen ist. Eine zusätzliche Einwirkung in einem nur gering belasteten Bereich ist jedoch ökologisch weniger bedenklich als in einem bereits stark belasteten Bereich, was durch den Faktor (V_G/V_K) berücksichtigt wird.

---

274 In Anlehnung an *Ruedi Müller-Wenk*: Ökologische Buchhaltung, S. 40 ff. Um zu vermeiden, daß der Aek gegen Unendlich geht oder negativ wird, schlägt Müller-Wenk vor, den Aek konstant zu halten, sobald 90% des kritischen Gesamtjahresverbrauchs überschritten werden.

Die Grundgleichung zur Berechnung des Äquivalenzkoeffizienten muß je nach ökologischem Bereich entsprechend angepaßt werden. Dabei stellt sich häufig die Ermittlung des kritischen Wertes als schwierig heraus.

Sind die Umweltaspekte „Recycling" und „Energieverbrauch" betroffen, bestimmt sich der kritische Wert als diejenige Verbrauchsrate, die zu einer – unter Berücksichtigung der neugebildeten Menge pro Jahr (B) – Erschöpfung der Ressource nach n Jahren führt. Die Gleichung zur Bestimmung des Nutzwertes ändert sich zu:

$$N = \frac{n(V_G - B)}{V_K - n(V_G - B)} * \frac{v}{V_K} \qquad \text{RE}$$

Rohstoffeinsparungen sowie insbesondere Einsparungen von erschöpflichen Energieträgern werden dabei mit positivem Vorzeichen berücksichtigt. Beim Umstieg auf regenerative Energieträger wird die dadurch erreichte Bedarfsreduktion nicht regenerativer Energieträger positiv bewertet.

Während die Äquivalenzkoeffizienten für Rohstoffe und Energieverbrauch auf globaler Ebene bestimmt werden, also weltweite Verbräuche in die Berechnung einfließen, ist diese Vorgehensweise bei den ökologischen Bereichen „Lärm" und „Entlastung der Umweltmedien" aufgrund der begrenzten Reichweite der Emissionen nicht sinnvoll. In diesen Fällen wird je nach Reichweite der Emissionen eine räumliche Abgrenzung bei der Ermittlung der Äquivalenzkoeffizienten vorgenommen, indem Gesamtverbrauch und kritischer Verbrauch eines regional abgegrenzten Raumes in die Berechnung eingehen. Im allgemeinen können zur Bestimmung der kritischen Werte im abgegrenzten Raum naturwissenschaftliche Erkenntnisse oder gesetzlich festgelegte Grenzwerte herangezogen werden.[275]

Da weltweite ökologische Knappheit anders zu beurteilen ist als ökologische Knappheit in einer abgegrenzten Region, wird die Ursprungsgleichung zur Bestimmung des Nutzwertes mit einem „geographischen Gewichtungsfaktor (g)" erweitert, wobei g das Verhältnis zwischen der abgegrenzten Region und der gesamten Erdoberfläche angibt.

---

275 Für den ökologischen Bereich Lärm können die in 2.321 Technische Anleitung zum Schutz gegen Lärm (TA Lärm) oder in § 2 Absatz 1 Sechzehnte Verordnung zur Durchführung des Bundes-Immissionsschutzgesetzes (Verkehrslärm Schutzverordnung – 16. BImSchV) festgelegten Immissionsricht- bzw. -grenzwerte, für den Bereich Luft die Maximalen Immissionskonzentrationen (MIK-Werte) herangezogen werden.

Damit ändert sich die Gleichung zur Bestimmung des Nutzwertes hinsichtlich den Aspekten „Lärm" und „Be- oder Entlastung der Umweltmedien" zu:

$$N = \frac{v}{V_K - V_G} * \frac{V_G}{V_K} * g \qquad \text{RE}$$

Das Problem einer derartigen Gegenüberstellung von Umweltbe- und -entlastungen einzelner Maßnahmen besteht darin, daß aufgrund fehlender exakter Daten auch Schätzungen in die Berechnung des ökologischen Gesamtnutzens einfließen. So stellt es sich als äußerst schwierig dar, die durch den Recyclingprozeß entstandene Belastung der Umweltmedien zu erfassen. Um in diesem Fall den ökologischen Gesamtnutzen exakt bestimmen zu können, werden sowohl entsprechende Daten von Recyclingunternehmen als auch von den das Rezyklat einsetzenden Zulieferern benötigt. Dies wiederum setzt voraus, daß innerhalb des gesamten Systems Zulieferer – Automobilhersteller – Reyclingunternehmen derartige Daten zur Verfügung stehen.

Weiterhin muß auch berücksichtigt werden, daß Entscheidungen nicht allein durch eine strikte Orientierung an Zahlenwerten getroffen werden, sondern auch qualitative Aspekte zu erfassen sind.[276] Wird ein hoher ökologischer Gesamtnutzen in der Hauptsache durch Verbesserungen im Bereich „Lärm" erreicht, ist auch zu berücksichtigen, daß die Mehrheit der Bevölkerung Luftverunreinigungen kritischer betrachtet als eine Umweltbelastung durch Lärm.

II. Integrierter Umweltschutz im Einklang mit ökologischen und ökonomischen Forderungen

Ziel dieser Arbeit bestand darin aufzuzeigen, daß gerade im Bereich des Innovationsprozesses industrieller Unternehmen ein Brückenschlag zwischen ökologischen und ökonomischen Zielen möglich ist, wenn Maßnahmen zum Umweltschutz nicht nur als betrieblicher Kostenfaktor, sondern auch als potentieller Erlösfaktor betrachtet werden bzw. wenn der Umweltschutz als Herausforderung zur Innovation avanciert.

---

276 Vgl. auch *Peter Letmathe*: Umweltbezogene Kostenrechnung, S. 76.

Die grundlegende Zielvorstellung des integrierten Umweltschutzes im Bereich der Innovationsprozesse industrieller Unternehmen besteht darin, daß jeglichem Innovationsbestreben die Erzeugung und Umsetzung von in ökologischer und ökonomischer Hinsicht erfolgversprechenden Produkt- und Prozeßideen zugrundegelegt wird.

Unternehmen, die Chancen zur Entwicklung ökologieorientierter Produkte und Prozesse rechtzeitig erkennen und umsetzen, sichern sich dadurch einen erheblichen Vorsprung an Zeit und Know-how gegenüber der weniger aktiven Konkurrenz. Mit Hilfe des zu einem Instrument der Frühaufklärung umgestalteten Ökologieportfolios gelingt es, schwache Signale, die auf Chancen zur Entwicklung umweltorientierter Produkte und Prozesse für die betrachteten strategischen Geschäftseinheiten hinweisen, zu verarbeiten und konkrete ökologische Herausforderungen herauszukristallisieren. Durch die konsequente Durchführung von Tiefenanalysen der empfangenen schwachen Signale kann das Risiko von Fehlinvestitionen entscheidend verringert werden.

Isoliert betrachtete Entwicklungstätigkeiten hinsichtlich einzelner ökologischer Aspekte – wie die verbesserte Rezyklierfähigkeit von Produkten oder die verringerte Umweltbelastung beim Gebrauch der Produkte – sind aufgrund von Interdependenzen zwischen den einzelnen Umweltaspekten keine Garantie für die Entwicklung eines umweltorientierten Produktes, sondern können unter Umständen eine Verschlechterung der Gesamtumweltwirkung der jeweiligen strategischen Geschäftseinheit zur Folge haben. Aus diesem Grund wurde in vorliegender Arbeit die Entwicklungstätigkeit in ein Gesamtkonzept eingebunden, das eine ganzheitliche Entwicklung ökologieorientierter Produkte und Verfahren bedingt und einer Verschlechterung der Gesamtumweltwirkung der betrachteten strategischen Geschäftseinheit vorbeugt.

Mit Hilfe des Prinzips der ökologischen Knappheit gelingt es, qualitativ verschiedene Umweltwirkungen der Entwicklungsaspekte gegeneinander abzuwägen und nicht nur ineffiziente Maßnahmen, bei denen der Gesamtnutzenwert negativ wird, zu eliminieren, sondern auch mit einem bestimmten vorgegebenen Innovationsinvestitionsbudget den höchstmöglichen Beitrag zum Umweltschutz zu leisten.

Zusammenfassend bleibt festzustellen, daß durch die vorgestellte Konzeption zur Integration des Umweltschutzes in den Innovationsprozeß industrieller Unternehmen eine verbesserte Grundlage für Innovationsentscheidungen hinsichtlich umweltfreundlicher Produkte und Prozesse geschaffen wird, was eine wesentliche Voraussetzung für den Erfolg von Innovationsbemühungen darstellt.

Literaturverzeichnis

Ackoff, Russell L. / *Sasieni*, Maurice W.: Fundamentals of Operations Research, New York / London / Sydney 1968.

Adler, Ulrich: Integrierter Umweltschutz als Beispiel zukunftsfähiger Innovationen, in: Ifo-Schnelldienst, 50. Jg. (1997), Nr. 17-18, S. 44-52.

Albach, Horst: Strategische Unternehmensplanung bei erhöhter Unsicherheit, in: Zeitschrift für Betriebswirtschaft, 48. Jg. (1978), S. 702-715.

Allesch, Jürgen / *Poppenheger*, Bernd: Betriebliches Innovations-Management in dynamischen Umwelten, in: Jürgen Allesch und Dagmar Brodde (Hrsg.): Praxis des Innovationsmanagements: Planung, Durchführung und Kontrolle technischer Neuerungen in mittelständischen Unternehmen, Berlin 1986, S. 11-26.

Ansoff, H. Igor: Managing Surprise and Discontinuity – Strategic Response to Weak Signals, in: Zeitschrift für betriebswirtschaftliche Forschung, 28. Jg. (1976), S. 129-152.

Arcelus, Francisco J. / *Schaefer*, Norbert V.: Social Demands as Strategic Issues: Some Conceptual Problems, in: Strategic Management Journal, Vol. 3 (1982), S. 347-357.

Banning, Thomas: Marketing für Innovationen, in: Jürgen Allesch und Dagmar Brodde (Hrsg.): Praxis des Innovationsmanagements: Planung, Durchführung und Kontrolle technischer Neuerungen in mittelständischen Unternehmen, Berlin 1986, S. 79-89.

Barrenscheen, J. / *Renken*, M.: Recyclinggerechte Verbindungstechnik im Automobil, in: VDI (Hrsg.): Recyclinggerechte Produktentwicklung: Aspekte, Strategien, Konstruktionspraxis, VDI-Bericht Nr. 1089, Düsseldorf 1993, S. 47-61.

Bauer, Günter: Alkoholyse – Chemisches Recyclingverfahren für Polyurethane, in: Georg Menges, Walter Michaeli und Muna Bittner (Hrsg.): Recycling von Kunststoffen, München / Wien 1992, S. 265-274.

Benkenstein, Martin: Koordination von Forschung & Entwicklung und Marketing, in: MARKETING Zeitschrift für Forschung und Praxis, 9. Jg. (1987), Heft 2, S. 123-132.

Berchthold, Rainer: Instrumente zur Umweltanalyse im Rahmen strategischer Unternehmensplanung, Univ., Diss., Augsburg 1985.

Bierich, Marcus: Innovation und Wettbewerbsfähigkeit: zwei Fallbeispiele aus dem Hause Bosch, in: Erwin Dichtl, Wolfgang Gerke und Alfred Kieser (Hrsg.): Innovation und Wettbewerbsfähigkeit, Wiesbaden 1987, S. 1-15.

Böhler, Heymo: Portfolio-Analysetechniken, in: Norbert Szyperski (Hrsg.): Enzyklopädie der Betriebswirtschaftslehre, Bd. 9: Handwörterbuch der Planung, Stuttgart 1989, Sp. 1548-1559.

Bramsemann, Rainer: Controlling, 2., verbesserte Auflage, Wiesbaden 1980.

Brose, Peter: Planung, Bewertung und Kontrolle technologischer Innovationen, Berlin 1982.

Bundesministerium für Umwelt, Naturschutz und Reaktorsicherheit (Hrsg.): Begründung zur Altauto-Verordnung, Bonn 1996.

— Aktuell: Die Entsorgung von Altautos: Informationen zur neuen Altauto-Verordnung, Bonn 1998.

— Aktuell: Schutz des Bodens: Das Bundes-Bodenschutzgesetz, Bonn 04/1998.

Burmester, Joachim: Sparsam und flexibel: Abfallvermeidung fängt bei der Produktentwicklung an, in: Umwelt Magazin, 22. Jg. (1993), Nr. 5, S. 106-108.

Burmester, Werner: Abfallreifen, in: Egon Keller (Hrsg.): Abfallwirtschaft und Recycling: Probleme und Praxis, Essen 1977, S. 305-316.

Churchman, C. West / *Ackoff*, Russel L. / *Arnoff*, E. Leonard: Introduction to Operations Research, New York 1957.

Coenenberg, Adolf Gerhard: Unternehmensbewertung mit Hilfe der Monte-Carlo-Simulation, in: Zeitschrift für Betriebswirtschaft, 40. Jg. (1970), Nr. 12, S. 793-804.

Corsten, Hans: Der nationale Technologietransfer: Formen – Elemente – Gestaltungsmöglichkeiten – Probleme, Berlin 1982.

— Überlegungen zu einem Innovationsmanagement – Organisationale und personale Aspekte, in: Hans Corsten (Hrsg.): Die Gestaltung von Innovationsprozessen: Hindernisse und Erfolgsfaktoren im Organisations-, Finanz- und Informationsbereich, Berlin 1989, S. 1-56.

Corsten, Hans / *Meier*, Bernd: Organisationsstruktur und Innovationsprozesse (I), in: Das Wirtschaftsstudium, 12. Jg. (1983), Nr. 6, S. 251-256.

Corsten, Hans / *Götzelmann*, Frank: Abfallvermeidung und Reststoffverwertung – Eine produkt- und verfahrensorientierte Analyse, in: Betriebswirtschaftliche Forschung und Praxis, 44. Jg. (1992), Nr. 2, S. 102-119.

Der Rat von Sachverständigen für Umweltfragen (1991): Abfallwirtschaft: Sondergutachten September 1990.

Dill, William R.: Environment as an Influence on Managerial Autonomy, in: ASQ, Vol. 4 (1958), S. 409-443.

Diruf, Günther: Die quantitative Risikoanalyse: ein OR-Verfahren zur Beurteilung von Investitionsprojekten, in: Zeitschrift für Betriebswirtschaft, 42. Jg. (1972), Nr. 12, S. 821-832.

Dunst, Klaus H.: Portfolio-Management: Konzeption für die strategische Unternehmensplanung, 2., verbesserte Auflage, Berlin / New York 1983.

Eichhorn, Peter: Umweltschutz aus der Sicht der Unternehmenspolitik, in: Zeitschrift für betriebswirtschaftliche Forschung, 24. Jg. (1972), S. 633-649.

— Industriestandorte und Umweltgefahren, in: Peter Frankenberg und Pirmin Spieß (Hrsg.): Umwelt und Wirtschaft, Heidelberg 1995, S. 385-395.

— Umweltschutz als Unternehmensziel, in: Peter Eichhorn (Hrsg.): Ökologie und Marktwirtschaft: Probleme, Ursachen und Lösungen, Wiesbaden 1996, S. 67-76.

— Entwurf für ein neues Faktorsystem, in: Peter Eichhorn (Hrsg.): Umweltorientierte Marktwirtschaft, Wiesbaden 1996, S. 37-46.

— Umweltrechnungen – Konzepte und Probleme, in: Peter Eichhorn (Hrsg.): Ökosoziale Marktwirtschaft: Ziel und Wege, Wiesbaden 1995, S. 91-102.

Ermakow, Sergej Mikhailovich: Die Monte-Carlo-Methode und verwandte Fragen, Berlin 1975.

Freiwillige Selbstverpflichtung zur umweltgerechten Altautoverwertung (PKW) im Rahmen des Kreislaufwirtschaftsgesetzes vom 21.02.1996, Punkt 3.4.

Frühwirth, Rudolf / *Regler* Meinhard: Monte-Carlo-Methoden: eine Einführung, Mannheim / Wien / Zürich 1983.

Fuchs, Herbert: Zeit für Demonteure, in: Wirtschaftswoche, 44. Jg. (1990), Nr. 20, S. 112-116.

Fuhrmann, Ernst / *Schaefer*, Rolf: Studie „Forschungsprojekt Langzeit-Auto (Teil 1)", in: ATZ Automobiltechnische Zeitschrift 77 (1975), Nr. 4, S. 114-119.

— Studie „Forschungsprojekt Langzeit-Auto (Teil 2)", in: ATZ Automobiltechnische Zeitschrift 77 (1975), Nr. 5, S. 137-140.

Garbe, Eberhard: Ökonomische Einflußnahme auf die Herausbildung geschlossener Stoffkreisläufe, in: Hartmut Kreikebaum (Hrsg.): Integrierter Umweltschutz: eine Herausforderung an das Innovationsmanagement, 2., erweiterte Auflage, Wiesbaden 1992, S. 121-136.

Garbe, Eberhard / *Salomon*, Dietmar: Recyclinggerechtes Konstruieren – Erfordernis moderner Produktgestaltung, in: VDI-Z 131 (1989), Nr. 4, S. 79-83.

Gomez, Peter: Frühwarnung und Strategische Unternehmensführung, in: Management Forum, 5. Jg (1985), Nr. 5, S. 155-175.

Gutenberg, Erich: Grundlagen der Betriebswirtschaftslehre, erster Band: Die Produktion, 24. Auflage, Berlin / Heidelberg / New York, 1983.

Hahn, Dietger: Frühwarnsysteme, in: Gerhard Buchinger (Hrsg.): Umfeldanalysen für das strategische Management: Konzeptionen, Praxis, Entwicklungstendenzen, Wien 1983, S. 3-26.

Hahn, Dietger / *Klausmann*, Walter: Frühwarnsysteme und strategische Unternehmensplanung, in: Dietger Hahn / Bernard Taylor (Hrsg.): Strategische Unternehmensplanung, Würzburg 1983, S. 250-266.

Hahn, Dietger / *Krystek*, Ulrich: Betriebliche und überbetriebliche Frühwarnsysteme für die Industrie, in: Zeitschrift für betriebswirtschaftliche Forschung, 31. Jg. (1979), S. 76-88.

Haldenwanger, Hans-Günther / *Schäper*, Siegfried: Ressourcenschonung durch Recycling, in: ATZ Automobiltechnische Zeitschrift 93 (1991), Nr. 11, S. 676-686.

Hanschmann, Rolf: Innovative Unternehmenspolitik, in: MARKETING Zeitschrift für Forschung und Praxis, 4. Jg. (1982), Heft 2, S. 103-114.

Hansen, Ursula / *Raabe*, Thorsten / *Stauss*, Bernd: Verbraucherabteilungen als strategische Antwort auf verbraucher- und umweltpolitische Herausforderungen, in: Hans Raffée / Klaus-Peter Wiedmann (Hrsg.): Strategisches Marketing, 2. Auflage, ungekürzte Sonderausgabe, Stuttgart 1989, S. 637-661.

Hanssmann, Friedrich: Einführung in die Systemforschung: Methodik der modellgestützten Entscheidungsvorbereitung, 1. Auflage, München 1978.

Hax, Herbert: Entscheidungsmodelle in der Unternehmung, Einführung in Operations Research, Reinbek bei Hamburg 1974.

Heinen, Edmund: Grundfragen der entscheidungsorientierten Betriebswirtschaftslehre, München 1976.

Hesse, Ulrike: Technologie-Controlling: Eine Konzeption zur Steuerung technologischer Innovationen, Frankfurt (Main) 1990, zugl. Univ., Diss., Dortmund 1989.

Hinterhuber, Hans Hartmann: Innovationsdynamik und Unternehmensführung, Wien / New York, 1975.

— Strategische Unternehmensführung, Berlin / New York 1977.

Homburg, Christian: Strategieformulierung mit Hilfe von SPACE, in: Zeitschrift für Planung, 1. Jg. (1990), S. 51-67.

Hoock, Reinhard / *Schlotter*, Ulrich / *Schult*, Jürgen, H.: Werkstoffliche Verwertung von Kunststoffen aus Altfahrzeugen – Möglichkeiten und Grenzen, in: Kunststoffe, 86. Jg. (1996), Nr. 8, Sonderdruck.

Hufenbach, Werner / *Archodoulakis*, Georg: Computer Aided Recycling – Altfahrzeuge werden wiederverwertungsgerecht demontiert, in: Umwelt Magazin, 21. Jg. (1992), Nr. 11, S. 32-34.

Ihde, Gösta B. / Dutz, Eckart: Kreislaufwirtschaft – Eine logistische Herausforderung, in: Peter Eichhorn (Hrsg.): Ökologie und Marktwirtschaft: Probleme, Ursachen und Lösungen, Wiesbaden 1996, S. 121-144.

Jahnke, Bernd: Betriebliches Recycling: produktionswirtschaftliche Probleme und betriebswirtschaftliche Konsequenzen, Wiesbaden 1986.

Kaltschnitt, Martin: Stand und Perspektiven regenerativer Energien in Deutschland – Potentiale, Nutzung, Kosten, Umwelteffekte, in: VDI (Hrsg.): Regenerative Energieanlagen erfolgreich planen und betreiben, VDI-Bericht Nr. 1236, Düsseldorf 1996, S. 7-44.

Kaminsky, Walter / *Sinn*, Hansjörg: Pyrolyse, in: Georg Menges, Walter Michaeli und Muna Bittner (Hrsg.): Recycling von Kunststoffen, München / Wien 1992, S. 243-252.

Katterbach, Wilfried: Sonne für Handwerker, in: Impulse, 19. Jg. (1999), Nr. 2., S. 62-66.

Kern, Werner: Innovation und Investition, in: Horst Albach und Hermann Simon (Hrsg.): Investitionstheorie und Investitionspolitik privater und öffentlicher Unternehmen. Bericht von der wissenschaftlichen Tagung des Verbandes der Hochschullehrer für Betriebswirtschaft e.V. vom 20. bis 24. Mai 1975 in Bonn, Wiesbaden 1976, S. 273-301.

Kirsch, Werner / *Esser*, Werner-Michael / *Gabele*, Eduard: Das Management des geplanten Wandels von Organisationen, Stuttgart 1979, S. 363-365.

Kirsch, Werner / *Trux*, Walter: Strategische Frühaufklärung und Portfolio-Analyse, Zeitschrift für Betriebswirtschaft, 49. Jg. (1979), Ergänzungsheft, Nr. 2, S. 47-69.

— Strategische Frühaufklärung, in: Werner Kirsch und Peter Roventa (Hrsg.): Bausteine eines strategischen Managements: Dialoge zwischen Wissenschaft und Praxis, Berlin 1983, S. 225-236.

Klausmann, Walter: Betriebliche Frühwarnsysteme im Wandel, in: Zeitschrift Führung und Organisation, 52. Jg. (1983), Nr. 1, S. 39-45.

Kleinaltenkamp, Michael: Recyclingstrategien: Wege zur wirtschaftlichen Verwertung von Rückständen aus absatz- und beschaffungswirtschaftlicher Sicht, Berlin 1985.

Kommission der Europäischen Gemeinschaften (1996): Vorschlag für eine Verordnung (EG) des Rates zur Revision des gemeinschaftlichen Systems zur Vergabe eines Umweltzeichens, KOM (96) 603 endg. vom 11.12.1996, Brüssel 1996.

Korte, Rolf-Jürgen: Verfahren der Wertanalyse: betriebswirtschaftliche Grundlagen zum Ablauf wertanalytischer Entscheidungsprozesse, 1. Auflage, Berlin 1977.

Kortzfleisch, Gert von: Ökonomische Konsequenzen von Langzeitautos, in: VDI (Hrsg.): Internationaler Kongreß FISTA 80 – Personenkraftwagen, VDI-Bericht Nr. 368, Düsseldorf 1980, S. 353-357.

Kosiol, Erich: Organisation der Unternehmung, 2., durchgesehene Auflage, Wiesbaden 1976.

Kowsky-Kawelke, Hartmut: Kesse Slogans, in: Wirtschaftswoche, 46. Jg. (1992), Nr. 29, S. 61-67.

Kraftfahrt-Bundesamt (Hrsg.): Bestand an Personenkraftwagen am 1. Juli 1997 nach Zulassungsjahren und Hubraumklassen in Deutschland, in: Statistische Mitteilungen des Kraftfahrt-Bundesamtes, Reihe 2, 1. Juli 1997, S. 142.

— Löschungen von Kraftfahrzeugen und Kraftfahrzeuganhängern nach Fahrzeugarten in den alten Bundesländern und in Deutschland, in: Statistische Mitteilungen des Kraftfahrt-Bundesamtes, Reihe 1, Heft 2, Flensburg 1998, S. 77

— Zulassungen bzw. Anmeldungen von fabrikneuen Kraftfahrzeugen und Kraftfahrzeuganhängern nach Fahrzeugarten in den alten Bundesländern und in Deutschland, in: Statistische Mitteilungen des Kraftfahrt-Bundesamtes, Reihe 1, Heft 2, Flensburg 1998, S. 45.

Kreikebaum, Hartmut: Umweltgerechte Produktion: integrierter Umweltschutz als Aufgabe der Unternehmensführung im Industriebetrieb, Wiesbaden 1992.

Krystek, Ulrich / *Behrendt*, Ingo: Früherkennung ökologisch orientierter Chancen und Bedrohungen (Teil 2), in: Forschungsinformationsdienst ökologisch orientierte Betriebswirtschaftslehre, 3. Jg. (1992), 13. Ausgabe Januar / Februar 1992, S. 10-13.

Kubicek, Herbert / *Thom*, Norbert: Betriebliches Umsystem, in: Erwin Grochla und Waldemar Wittmann (Hrsg.): Handwörterbuch der Betriebswirtschaft, 4. Auflage, Stuttgart 1976, Sp. 3977-4017.

Kühn, Richard / *Walliser*, Marius: Problementdeckungssystem mit Frühwarneigenschaften, in: Die Unternehmung, 32. Jg. (1978), S. 223-246.

Ländergemeinschaft Abfall (LAGA) (Hrsg.): LAGA-Informationsschrift Abfallarten, Abfallschlüssel 54710, 3., völlig neubearbeitete und wesentlich erweiterte Auflage, Berlin 1991.

Lange, Bernd: Portfolio-Methoden in der strategischen Unternehmensplanung, Univ., Diss., Hannover 1981.

Letmathe, Peter: Umweltbezogene Kostenrechnung, München 1998, zugl. Univ., Diss., Essen 1997.

Magel, Phillip: Umweltschutz als Herausforderung zur Innovation, in: Hans Corsten (Hrsg.): Die Gestaltung von Innovationsprozessen: Hindernisse und Erfolgsfaktoren im Organisations-, Finanz- und Informationsbereich, Berlin 1989, S. 158-172.

Marr, Rainer: Innovation, in: Erwin Grochla (Hrsg.): Handwörterbuch der Organisation, 2., völlig neu gestaltete Auflage, Stuttgart 1980, Sp. 947-959.

Mauthe, Karl Dieter: Strategische Analyse: Darstellung und kritische Würdigung bestehender Ansätze zur Strategischen Unternehmens- und Umweltanalyse, Univ., Diss., München 1984.

Meffert, Heribert / *Bruhn*, Manfred / *Schubert*, Frank / *Walther*, Thomas: Marketing und Ökologie: Chancen und Risiken umweltorientierter Absatzstrategien der Unternehmungen, in: Die Betriebswirtschaft, 46. Jg. (1986), S. 140-159.

Meffert, Heribert / *Kirchgeorg*, Manfred: Marktorientiertes Umweltmanagement: Grundlage und Fallstudien, 2., überarbeitete und erweiterte Auflage, Stuttgart 1993.

Meissner, Hans Günther: Marketing für Innovationen, in: Hans Günther Meissner und Reinhard Winkelgrund (Hrsg.): Marketing für Innovationen, Dortmund 1984, S. 9-24.

Mensch, Gerhard: Basisinnovationen und Verbesserungsinnovationen, in: Zeitschrift für Betriebswirtschaft, 42. Jg. (1972), Heft 4, S. 291-297.

— Das technologische Patt: Innovationen überwinden die Depression, Frankfurt (Main) 1975.

Mercedes-Benz AG: Umweltforum II: Auto und Umwelt, Alternative Antriebe, Verkehrsmanagement, Stuttgart 1996.

— Umweltschutz in der Produktion – Werk Untertürkheim, Stuttgart-Untertürkheim o.J.

Milling, Peter: Systemtheoretische Grundlagen zur Planung der Unternehmenspolitik, Univ., Habil.-Schr., Mannheim 1979.

— Diffusionstheorie und Innovationsmanagement, in: Erich Zahn (Hrsg.): Technologie- und Innovationsmanagement, Festgabe für Gert von Kortzfleisch zum 65. Geburtstag, Berlin 1986, S. 49-70.

— Forschung und Innovation in der Industrie, in: Erwin Dichtl (Hrsg.): „Standort Bundesrepublik Deutschland“: die Wettbewerbsbedingungen auf dem Prüfstand, Frankfurt (Main) 1994, S. 51-73.

— Integrierter Umweltschutz im Produktionsprozeß, in: Peter Eichhorn (Hrsg.): Ökosoziale Marktwirtschaft, Wiesbaden 1995, S. 145-161.

— Integrierter Umweltschutz in der Industrie: Das Beispiel der deutschen Automobilwirtschaft, in: Hermann Krallmann (Hrsg.): Herausforderung Umweltmanagement: zur Harmonisierung des Spannungsfeldes zwischen Ökonomie und Ökologie, Berlin 1996, S. 179-206.

Müller, Arno P.: Umweltgerechte Entsorgung von Produktionsrückständen – das entsorgungslogistische Konzept der BMW AG, in: Fortschrittliche Betriebsführung und Industrial Engineering, 41. Jg. (1992), Nr. 2., S. 75-79.

Müller, Günter: Strategische Frühaufklärung, München 1981.

Müller, Günter / *Zeiser*, Bernd: Zufallsbereiche zur Beurteilung frühaufklärender Signale, in: Zeitschrift für Betriebswirtschaft, 50. Jg. (1980), Nr. 6, S. 605-619.

Müller, Hermann: Industrielle Abfallbewältigung: Entscheidungsprobleme aus betriebswirtschaftlicher Sicht, Wiesbaden 1991, zugl. Univ., Diss., Bochum 1990.

Müller-Merbach, Heiner: Projektorganisation nach dem Komponentenkonzept, in: Wolfgang Bauer (Hrsg.): Programmiersprachen und Programmentwicklung, Berlin 1982, S. 93-103.

— Systemanalyse als gelenkter kreativer Prozeß, in: Heinz Schelle und Peter Molzberger (Hrsg.): Psychologische Aspekte der Software-Entwicklung, München / Wien 1983, S. 105-132.

Müller-Stewens, Günter: Strategische Suchfeldanalyse: die Identifikation neuer Geschäfte zur Überwindung struktureller Stagnation, 2., durchgesehene Auflage, Wiesbaden 1990.

Müller-Wenk, Ruedi: Ökologische Buchhaltung: ein Informations- und Steuerungsinstrument für umweltkonforme Unternehmenspolitik, 1. Auflage, Frankfurt (Main) / New York 1978.

Nieschlag, Robert / *Dichtl*, Erwin / *Hörschgen*, Hans: Marketing, 16., durchgesehene Auflage, Berlin 1991.

o.V. Aus alt mach neu, in: Automobil-Produktion, 4. Jg. (1990), November, S. 110-111.

— Schrott ist nicht gleich Müll, in: Automobil-Produktion, 4. Jg. (1990), November, S. 108-109.

— In neun Stunden kurz und klein, in: Automobil-Produktion, 4. Jg. (1990), November, S. 116-118.

— Vom Duroplast zum Füllstoff, in: Automobil-Produktion, 4. Jg. (1990), November, S. 102-105.

— Wertvolle Erkenntnisse, in: Umwelt Magazin, 21. Jg. (1992), Nr. 9, S. 58-60.

— Forschung und Praxis unter einem Dach, in: Umwelt Magazin, 22. Jg. (1993), Mai, S. 128-129.

— Die unbekannte Dimension: die Risiken des Umweltschutzes, in: Top Business, Juli 1994, S. 23.

OECD, Pollution Control Abatement Expenditure in OECD Countries. A Statistical Compendium, OECD Environment Monograph No.75, June, Paris 1993.

Ophoff, Markus / *Gruber*, Felix: Altautoverwertung – Probleme und zukünftige Anforderungen, in: Entsorgungspraxis, 13. Jg. (1995), Heft 7-8, S. 48-54.

Pfeiffer, Helge: Konzept für die Altautodemontage, in: Joachim Schmid (Hrsg.): Altautoverwertung und -entsorgung: Stand und Aktivitäten beim Automobilrecycling, Renningen-Malmsheim 1995, S. 89-107.

Pfohl, Hans-Christian: Messung subjektiver Wahrscheinlichkeiten, in: Hans-Christian Pfohl und Bert Rürup (Hrsg.): Wirtschaftliche Meßprobleme, Köln 1977, S. 23-35.

Priewasser, Reinhold: Ökologische Funktionsprinzipien als Orientierungsgröße für wirtschaftliches Handeln, in: Herbert Wegscheider (Hrsg.): Ökologische Wirtschaft, Frankfurt (Main) 1984, S. 79-103.

Quaschning, Volker: Regenerative Energiesysteme: Technologie – Berechnung – Simulation, München 1998.

Raffée, Hans / Wiedmann, *Klaus-Peter*: Marketingumwelt 2000: Gesellschaftliche Mega-Trends als Basis einer Neuorientierung von Marketing-Praxis und Marketing-Wissenschaft, in: Christian Schwarz, Frank Sturm und Wolfgang Klose (Hrsg.): Marketing 2000: Perspektiven zwischen Theorie und Praxis, Wiesbaden 1987, S. 185-209.

Rauser, Gerd: Verfahren zur hydrierenden Verflüssigung von Kunststoffabfällen, in: Georg Menges, Walter Michaeli und Muna Bittner (Hrsg.): Recycling von Kunststoffen, München / Wien 1992, S. 253-264.

Rehkugler, Heinz / *Schindler*, Volker: Entscheidungstheorie: Erklärung und Gestaltung betrieblicher Entscheidungen, 4. Auflage, München 1989.

Richter, E. / *Lotz, H.-R.*: Kunststoffrecycling aus Elektronikschrott und Automobilabfällen, in: VDI (Hrsg.): Verwertung von Kunststoffabfällen, VDI-Bericht Nr. 1288, Düsseldorf 1996, S. 23-35.

Riebel, Paul: Die Kuppelproduktion: Betriebs- und Marktprobleme, Köln 1955.

Rieser, Ignaz: Frühwarnsysteme, in: Die Unternehmung, 32. Jg. (1987), S. 51-67.

— Frühwarnsysteme für die Unternehmenspraxis, München / Florenz 1980.

Roventa, Peter: Portfolio-Analyse und Strategisches Management. Ein Konzept zur strategischen Chancen- und Risikohandhabung, München 1979.

Schenkel, Werner: Abfallwirtschaft – Umwelt und Ressourcen, in: Egon Keller (Hrsg.): Abfallwirtschaft und Recycling: Probleme und Praxis, Essen 1977, S. 28-39.

Scherm, Ewald: Die Szenario-Technik – Grundlage effektiver strategischer Planung, in: Das Wirtschaftsstudium, 21. Jg. (1992), Heft 2, S. 95-97.

Schmid, Dieter / *Goldmann*, Daniel: Automobilrecycling im Netzverbund – Neue Marktstrukturen für die Kreislaufwirtschaft, in: Joachim Schmid (Hrsg.): Altautoverwertung und -entsorgung: Stand und Aktivitäten beim Automobilrecycling, Renningen-Malmsheim 1995, S. 74-88.

Schreyögg, Georg: Unternehmungsstrategie. Grundfragen einer Theorie strategischer Unternehmensführung, Berlin / New York 1984, S. 112.

Schumpeter, Joseph: Theorie der wirtschaftlichen Entwicklung: Eine Untersuchung über Unternehmergewinn, Kapital, Kredit, Zins und den Konjunkturzyklus, 6. Auflage, Berlin 1964.

Schwarz, Erich J.: Ökonomische Aspekte regionaler Verwertungsnetze, in: Heinz Strebel, Erich J. Schwarz (Hrsg.): Kreislauforientierte Unternehmenskooperationen: Stoffstrommanagement durch innovative Verwertungsnetze, Wien 1998, S. 11-25.

Seisreiner, Ralf: Das Corporate-Ecological-Performance-Modell zur Unterstützung einer umweltorientierten Unternehmensführung, Berlin 1999, zugl. Univ., Diss., Mannheim 1997.

Servatius, Hans-Gerd: Methodik des strategischen Technologie-Managements, Grundlage für erfolgreiche Innovationen, Berlin 1985.

Sobol', Il'ja M.: Die Monte-Carlo-Methode, 4., überarbeitete und erweiterte Auflage, Berlin 1991.

Specht, Günter: Qualitätsmanagement im Innovationsprozeß unter besonderer Berücksichtigung der Schnittstellen zwischen FuE und Vertrieb, in: Günter Specht, Werner Silberer und Hans Engelhardt (Hrsg.): Marketing Schnittstellen: Herausforderungen für das Management, Stuttgart 1989, S. 141-163.

Stahel, Walter R.: Langlebigkeit und Materialrecycling: Strategien zur Vermeidung von Abfällen im Bereich der Produkte, Essen 1991.

Stange, Kurt: Angewandte Statistik – Zweiter Teil: Mehrdimensionale Probleme, Berlin / Heidelberg / New York 1971.

Staudt, Erich: Technische Entwicklung und soziale Innovationen – Dezentralisierung und Individualisierung, in: Erich Staudt (Hrsg.): Das Management von Innovationen, Frankfurt (Main) 1986, S. 412-433.

Steger, Ulrich: Umweltmanagement: Erfahrungen und Instrumente einer umweltorientierten Unternehmensstrategie, 2., überarbeitete und erweiterte Auflage, Frankfurt (Main) 1993.

Steinhilper, Rolf: Umweltschutz als Produktionsfaktor – technische Herausforderungen und wirtschaftliche Potentiale der neuen Dimension „Recycling“, in: Fortschrittliche Betriebsführung und Industrial Engineering, 41. Jg. (1992), S. 57-64.

Stief, Klaus: Planung, Bau und Betrieb von Deponien nach TA Abfall, in: Egon Keller und Werner Schenkel (Hrsg.): Abfallwirtschaft und Recycling, Essen 1992, S. 192-197.

Stoll, Helmut / *Kleinschmidt, Hans-Günther* / *Pittner*, *Hans-Joachim*: Recycling von Auto-Abgaskatalysatoren: eine bedeutende Edelmetall-Sekundärquelle der Zukunft, in: Entsorgungspraxis-Spezial, 9. Jg. (1991), Nr. 1, S. 29-33.

Strebel, Heinz: Zur Gewichtung von Urteilskriterien bei mehrdimensionalen Zielsystemen, in: Zeitschrift für Betriebswirtschaft, 42. Jg. (1972), S. 89-128.

— Produktgestaltung als umweltpolitisches Instrument der Unternehmung, in: Die Betriebswirtschaft, 38. Jg. (1978), Heft 1, S. 73-82.

— Umwelt und Betriebswirtschaft: Die natürliche Umwelt als Gegenstand der Unternehmenspolitik, Berlin 1980.

Strebel, Heinz / Schwarz, Erich J / Schwarz, Michaela M.: Externes Recycling im Produktionsbetrieb: rechtliche Aspekte und betriebswirtschaftliche Voraussetzungen, Wien 1996.

Szyperski, Norbert / *Winand*, Udo: Entscheidungstheorie, Stuttgart 1974.

Teufel, Dieter / *Bauer*, Petra / *Lippold*, Rainer / *Braunfeld*, Sabine / *Schmitt*, Kurt: Öko-Bilanzen von Fahrzeugen, in: UPI Umwelt- und Prognose-Institut Heidelberg e.V. (Hrsg.): UPI-Bericht Nr. 25, 5. Auflage, Juni 1997.

Thom, Norbert: Grundlagen des betrieblichen Innovationsmanagements, 2. Auflage, Königstein (Taunus) 1980.

Tiltmann, Karl O.: Kosten senken durch Recycling – Wiederverwertung als wirtschaftlichere Alternative zur Deponie, in: Fortschrittliche Betriebsführung und Industrial Engineering, 41. Jg. (1992), S. 80-81.

Trienekens R+T Entsorgung: Alte Autos – Neue Anforderungen, Viersen o.J.

Türck, Rainer: Das ökologische Produkt: Eigenschaften, Erfassung und wettbewerbsstrategische Umsetzung ökologischer Produkte, 2. Auflage, Ludwigsburg / Berlin 1991, zugl. Univ., Diss., Frankfurt (Main) 1990.

Verband der Automobilindustrie e.V. (Hrsg.): Bauteile von Kraftfahrzeugen: Kennzeichnung der Werkstoffe, VDA-Empfehlung 260, Frankfurt (Main) 1996.

— CO_2: Automobilindustrie auf Reduktionskurs, Pressedienst vom 01.12.1997.

— VDA-Präsident: Auto und Umwelt nicht auf Koalisionskurs, Pressedienst vom 13.06.1997.

Verband Kunststofferzeugende Industrie e.V.: Kunststoff kann man wiederverwerten: rohstofflich, werkstofflich, energetisch, Frankfurt (Main) o.J.

Verein Deutscher Ingenieure – Gemeinschaftsausschuß Produktplanung: Systematische Produktplanung – ein Mittel zur Unternehmenssicherung, Düsseldorf 1976.

Verein Deutscher Ingenieure: Lärmminderung in Betrieben, Allgemeine Grundlagen, VDI-Richtlinie 2570, Düsseldorf 1980.

— Wirkungen von Verkehrsgeräuschen, VDI-Richtlinie 3722, Düsseldorf 1988.

— Geräuschanteile von Kraftfahrzeugen: Meßtechnische Erfassung und Bewertung, VDI-Richtlinie 2563, Düsseldorf 1990.

— Konstruieren recyclinggerechter technischer Produkte, VDI-Richtlinie 2243 (Entwurf), Düsseldorf 1991.

Volkswagen AG: Der Umweltbericht von Volkswagen, Wolfsburg o.J.

— Wir machen täglich etwas Neues – Original Austauschteile, Wolfsburg 1993.

— Umweltschutz und Entsorgungspraxis im Service-Betrieb, Bd. I, Ausgabe 1996.

Wehking, Karl-Heinz: Abfall-Verminderungs- und Vermeidungsstrategien, in: Zeitschrift für Logistik, 1/1992, S. 44-47.

Widmann, B.A.: Pflanzenöl als Energieträger – Kraftstoffeigenschaften, Emissionen, Erfahrungen, in: VDI (Hrsg.): Regenerative Energien: Betriebserfahrungen und Wirtschaftlichkeitsanalysen der Anlagen in Deutschland, VDI-Bericht Nr. 851, Düsseldorf 1991, S. 365-379.

Wiedmann, Klaus-Peter: Frühwarnung, Früherkennung, Frühaufklärung, Mannheim 1984.

Winter, Georg: Das umweltbewußte Unternehmen: Handbuch der Betriebsökologie mit 28 Check-Listen für die Praxis, 5., überarbeitete und ergänzte Auflage, München 1993.

Wirsig, Gerhard: Volkswagen testet die Demontage von Altautos, in: Umwelt Magazin, 19. Jg. (1990), Juni, S. 54-55.

— Noch ein Vierteljahrhundert schwer entsorgbare Autos, in: Umwelt Magazin, 19. Jg. (1990), August, S. 18-19.

Wirtz, Wolfgang / *Rother*, Franz: Autoverwertung: Handliche Pakete, in: Wirtschaftswoche, 48. Jg. (1994), Nr. 20, S. 112-114.

Witte, Eberhard: Phasen-Theorem und Organisation komplexer Entscheidungsverläufe, in: Eberhard Witte, Jürgen Hauschildt und Oskar Grün (Hrsg.): Innovative Entscheidungsprozesse: die Ergebnisse des Projektes „Columbus", Tübingen 1988, S. 202-226.

Woodward, S.N.: The Myth of Turbulence, in: Future, 14. Jg. (1982), Nr. 4, S. 266-279.

Zahn, Erich: Innovations- und Technologiemanagement. Eine strategische Schlüsselaufgabe der Unternehmen, in: Erich Zahn (Hrsg.): Technologie- und Innovationsmanagement, Berlin 1986, S. 9-48.

Kolibri 360 GmbH
Ferdinand-Jühlke-Straße 7
99095 Erfurt, Deutschland
produktsicherheit@kolibri360.de

Druck:
CPI Druckdienstleistungen GmbH
im Auftrag der
Kolibri 360 GmbH
Ferdinand-Jühlke-Str. 7
99095 Erfurt